システム生物学がわかる！

セルイラストレータを使ってみよう

土井 淳・長崎正朗・斉藤あゆむ・松野浩嗣・宮野 悟 [著]

CD-ROM付

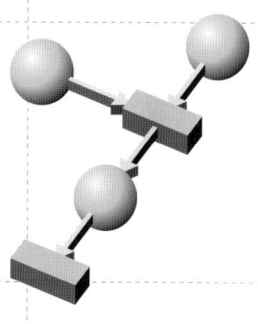

共立出版

はじめに

　本書は，システム生物学がわかりたくなったら，はじめて読む本です．
　最近，「システム生物学」という，何やら訳のわからない言葉が生物学の世界に飛び交いだしてきました．英語では"Systems Biology"といって，システムが複数形になっています．これはゲノム解読後の生命科学の新たな科学的チャレンジで，「生命をシステムとして理解しよう」というものです．
　そうは言っても，いったい何なのだろう？　シグナル伝達経路，遺伝子制御ネットワーク，代謝経路，云々，それにコンピュータを使っていったい何ができるのだろう？・・・こうした疑問の声が聞こえてきます．さらに，「システムバイオロジー」の言葉につられて本や論文をのぞいて見て，「ロバストネスアナリシス」「カクリツビブンホーテーシキ」「バイファーケーションアナリシス」といった，自分の記憶のどこにもないような用語が肩で風を切って，それはまるでたくさんの数式という兵隊を並べて威張って行進させているように感じた人もいるでしょう．こうした疑問と不安や絶望をもった人が本書の対象です．また，半年～1年コースのテキストとしても使えるようになっていますので，大学の学部や専門学校での生物系の授業にもおすすめします．
　本書を読みつつ，いっしょに付いているCD-ROMに収録されているセルイラストレータ（Cell Illustrator）というソフトウェアツールの簡易版を利用しながら学習すれば，かなり複雑なパスウェイのモデル作りとシミュレーションができる能力がつきます．微分方程式やプログラミングなど，まったく知っておく必要はありません．必要なものは，生物学に対する興味と，携帯電話の操作が普通にできるくらいの能力と，全国共通学力試験中学数学AとBレベルの数学の学力です．
　生物は，タンパク質などの分子がそれぞれの役目をもつ部品としてはたらき，連携して動作している巨大なシステムです．このシステムを理解するための一つの方法として，設計図を基に部品を造り，これらを組み合わせてシステムを作ってみて，コンピュータで解析してみようというアプローチがあります．これが注目されるようになった背景として，単細胞生物からヒトまで，多くの種類の生物の遺伝子やタンパク質などの分子の研究によって，生物を構成する部品の所在とその性質の情報が多く蓄積されたことがあります．つまり，個々の部品の基本性質が明らかになってきたので，生物の中で部品がどのように連携して，高度なシステムとしてはたらくのかを知りたいという機運が高まってきたわけです．
　一方，電子回路や機械などの人工物で作られたシステムは，部品が揃い，設計図があれば何度でも再構成できます．そこではシステムとしてのはたらきが最初からわかっているのは当然です．しかし，生物は自然が創りあげたものですので，これを構成する部品の基

本性質の把握とシステムとしてのはたらきの理解には非常に大きな隔たりがあります．この隔たりを埋めるために必要な技術がモデル化とシミュレーションです．それを実行するためには，何らかの数理的方法で生物のシステムをモデル化し，コンピュータに入力する必要があります．このために活躍するのがセルイラストレータです．

セルイラストレータを使いながら，本書を読み，課題をこなしていけば（課題には解答付き）「なぁ～んだ，かんたん(ˆoˆ)v」，心は晴れ晴れとしてくることでしょう．むずかしそうな数学もプログラミングもいらないけれど，パスウェイを描くには美的センスが必要だと思うかもしれません．また，セルイラストレータを使ってパスウェイを描くだけで，生命システムについての知識が整理され，十分にシステム生物学をやったという実感も湧いてくるでしょう．本のところどころに現れるコラムにはちょっとだけ余分なことを書きました．読み飛ばしてもらってかまいません．

最後に，本書の執筆にあたり共立出版の信沢孝一さんと北 由美子さんには大変お世話になりました．忍耐と励ましに深く感謝いたします．またセルイラストレータでは株式会社ジーエヌアイの山本貴士さんにお世話になりました．東京大学医科学研究所ヒトゲノム解析センターDNA情報解析分野の植野和子さん，西畑浩子さん，池田恵美さんには原稿を読んでいただき，読者の立場から有用なコメントをいただきました．

2007年5月

土井　　淳
長崎　正朗
斉藤あゆむ
松野　浩嗣
宮野　　悟

目　次

第1章　序　論

1.1　細胞の中で起きていること　*1*
1.1.1　転写，翻訳，遺伝子制御の話 …………………………………… *1*
1.1.2　シグナル伝達の話 …………………………………………………… *2*
1.1.3　代謝の話 ……………………………………………………………… *3*

1.2　細胞内の反応とパスウェイ　*3*
COLUMN 1　小さな RNA …………………………………………………… *2*

第2章　パスウェイのデータベース

2.1　パスウェイデータベースの紹介　*5*
2.1.1　KEGG …………………………………………………………………… *6*
2.1.2　BioCyc …………………………………………………………………… *7*
2.1.3　Ingenuity Pathways Knowledge Base ………………………………… *8*
2.1.4　TRANSPATH …………………………………………………………… *8*
2.1.5　ResNet …………………………………………………………………… *9*
2.1.6　Signal Transduction Knowledge Environment（STKE）：
　　　　Database of Cell Signaling ……………………………………………… *10*
2.1.7　Reactome ………………………………………………………………… *11*
2.1.8　Metabolome.jp ………………………………………………………… *12*
2.1.9　まとめ ………………………………………………………………… *12*
COLUMN 2　XML ってなぁに …………………………………………… *6*

2.2　パスウェイを表示するソフトウェアの紹介　*13*
2.2.1　Ingenuity Pathway Analysis（IPA）…………………………………… *13*
2.2.2　Pathway Builder ………………………………………………………… *13*
2.2.3　Pathway Studio ………………………………………………………… *13*
2.2.4　Connections Maps ……………………………………………………… *14*
2.2.5　Cytoscape ………………………………………………………………… *14*

2.3　パスウェイをとりまく表記規則　*15*
2.3.1　Gene Ontology（GO）………………………………………………… *15*
2.3.2　PSI MI …………………………………………………………………… *15*
2.3.3　CellML …………………………………………………………………… *15*
2.3.4　SBML …………………………………………………………………… *16*

	2.3.5	BioPAX ···	16
	2.3.6	CSML/CSO ···	16

第3章 パスウェイシミュレーションソフトウェア

3.1 シミュレーションソフトウェアの裏側 … 18
   3.1.1 アーキテクチャは決定的，確率的，それともハイブリッド？ ……… 18
   3.1.2 パスウェイのモデル化の手法 ……………………………………… 19

3.2 シミュレーションのソフトウェア紹介 … 19
   3.2.1 Gepasi（COPASI）……………………………………………………… 20
   3.2.2 Virtual Cell ………………………………………………………… 20
   3.2.3 Systems Biology Workbench（SBW），Cell Designer，JDesigner … 20
   3.2.4 Dizzy ………………………………………………………………… 20
   3.2.5 E-Cell ………………………………………………………………… 21
   3.2.6 Cell Illustrator …………………………………………………… 21
   3.2.7 シミュレーションソフトウェアのまとめ ……………………… 21

第4章 セルイラストレータをはじめよう

4.1 セルイラストレータのインストール … 24
   4.1.1 セルイラストレータのインストールに必要な条件 …………… 24
        サポートするOS／ハードウェアの性能
   4.1.2 セルイラストレータのラインナップ …………………………… 25
   4.1.3 セルイラストレータのインストールと実行 …………………… 25
        Windowsへのインストール／Mac OS Xへのインストール／Linuxへのインストール／Unixへのインストール
   4.1.4 ライセンスのインストール ……………………………………… 27

4.2 セルイラストレータの基本概念 … 27
   4.2.1 基本概念 ……………………………………………………………… 27
   4.2.2 エンティティ（Entity）……………………………………………… 28
   4.2.3 プロセス（Process）………………………………………………… 30
   4.2.4 コネクタ（Connector）……………………………………………… 31
   4.2.5 エレメント間の接続ルール ……………………………………… 33
   4.2.6 絵つきエレメント ………………………………………………… 34
        絵つきエンティティのいくつか／絵つきプロセスのいくつか

4.3 セルイラストレータのはじめ方とモデルの編集方法 … 35
   4.3.1 エレメントの追加 ………………………………………………… 35
        エンティティとプロセスの追加／コネクタの追加
   4.3.2 モデルの編集とキャンバス上の操作 …………………………… 38

4.4 モデルの実行方法　　39
4.4.1 シミュレーションの設定　　39
4.4.2 グラフの設定　　41
4.4.3 シミュレーションの実行　　42

4.5 シミュレーション規則　　42
4.5.1 離散エンティティと離散プロセスを使ったモデルの作成　　42
初期値（Initial Value）／速度（Speed）／閾値（Threshold）とプロセスの実行条件／ディレイ（Delay）
4.5.2 連続エンティティと連続プロセスを使ったモデルの作成　　47
初期値（Initial Value），速度（Speed），閾値（Threshold）／プロセスの実行条件
4.5.3 離散と連続の概念　　49

4.6 絵つきエレメントを用いたパスウェイのモデル化　　50
COLUMN 3　オントロジーと絵つきエレメント　　52

4.7 セルイラストレータによるパスウェイのモデル作り　　52
4.7.1 デグラデーション（Degradation）　　53
4.7.2 移行（Translocation）　　54
4.7.3 転写（Transcription）　　58
4.7.4 結合（Binding）　　60
4.7.5 解離（Dissociation）　　62
4.7.6 抑制（Inhibition）　　63
4.7.7 酵素（Enzyme）反応によるリン酸化（Phosphorylation）　　65

4.8 まとめ　　68
COLUMN 4　プロセス間の競合問題　　69
COLUMN 5　汎用エレメントの使い方　　70

第5章　パスウェイ表現とシミュレーション

5.1 シグナル伝達経路のモデル作り　　72
5.1.1 登場するメインプレーヤー：リガンドと受容体　　72
5.1.2 EGF刺激によるEGFRを介したシグナル伝達のモデル化　　73
細胞の配置／EGFRの配置／EGFとEGFRの結合／EGFとEGFR複合体の2量体化／EGFRのリン酸化と脱リン酸化／EGFRを介したシグナルの薬剤による阻害

COLUMN 6　絵の編集　　82

5.2 代謝系のモデル作り　　*84*

- 5.2.1 化学反応式とパスウェイ表現 ……………………………………………… *84*
- 5.2.2 ミカエリス・メンテンの式とセルイラストレータのパスウェイ表現 ……… *85*
- 5.2.3 解糖のパスウェイのモデル作り …………………………………………… *85*
- 5.2.4 解糖のパスウェイのモデルのシミュレーション …………………………… *98*
- 5.2.5 モデルの改良 ……………………………………………………………… *98*
- COLUMN 7 セルイラストレータのフォーラム（掲示板）………………………… *95*
- COLUMN 8 セルイラストレータ3.0の反応速度様式について …………………… *100*

5.3 遺伝子制御ネットワークのモデル作り　　*102*

- 5.3.1 体内時計と概日リズム …………………………………………………… *102*
- 5.3.2 マウスのサーカディアンリズムの遺伝子制御ネットワーク ……………… *102*
- 5.3.3 マウスのサーカディアンリズムのモデル化 ……………………………… *103*
  核，細胞質の配置／*Per* の転写と翻訳／*Cry* の転写と翻訳／*Per* と *Cry* mRNA と PER と TIM タンパク質の自然崩壊／PER と CRY タンパク質の関係／*Per* と *Cry* 遺伝子の負のフィードバックループ／*Rev-Erb* 遺伝子の導入／*Bmal* と *Clock* 遺伝子の転写と翻訳／BMAL と CLOCK タンパク質の関係／BMAL/CLOCK 複合体による転写促進
- 5.3.4 シミュレーションによる仮説の生成 ……………………………………… *116*

5.4 まとめ　　*120*

第6章　いろいろなパスウェイ

6.1 パン酵母の遺伝子ネットワーク　　*122*

6.2 遺伝子ネットワークの解析方法　　*124*

- 6.2.1 遺伝子ネットワークの表示 ……………………………………………… *124*
- 6.2.2 遺伝子ネットワークのレイアウト ………………………………………… *124*
- 6.2.3 パス検索機能 ……………………………………………………………… *126*
- 6.2.4 サブネットワーク抽出機能 ……………………………………………… *128*
- 6.2.5 2つのサブネットワークの比較 …………………………………………… *128*

6.3 まとめ　　*130*

あとがき ……………………………………………………………………………… *131*
索引 ………………………………………………………………………………… *135*

第1章

序　論

システム生物学の目的の第一は「生命をシステムとして理解しよう」というものです．「こう言われてもいったい何なのだろう？」「シグナル伝達経路，遺伝子ネットワーク，代謝経路，などなど，コンピュータを使っていったい何ができるのだろう？」本書は，こうした疑問と不安をもった人がはじめて読む本です．微分方程式やプログラミングなどまったく知らないままで十分です．本書を読みつつ，第4章以降でCell Illustrator（セルイラストレータ）というソフトウェアを利用しながら学習していけば，複雑な生命システムのモデル作りとシミュレーションができる能力がつきます．この章では，そうした生命システムを構成しているパスウェイについて簡単に説明します．

1.1　細胞の中で起きていること

細胞の中では実にさまざまなことが起きています．特定の機能をもった分子がそれぞれの役割を果たしています．細胞内では，エネルギを作り出したり，細胞が自ら増殖するために必要な分子を作り出しています．また，細胞の表面には周りの環境の変化を察知するための機能をもった分子もあります．それはまるで，いろいろな職業の人が働く私たちの社会のようです．他の細胞に情報（シグナル）を伝えるタンパク質もあれば，その情報を受け取る役割のタンパク質もあります．細胞内で必要なエネルギを生産する役割をもったものもあります．ある分子が別の分子に変化する（代謝される）のを助けるもの（酵素）もあります．

1.1.1　転写，翻訳，遺伝子制御の話

さまざまなタンパク質のやりとりによって作り出されている細胞の機能は，それらのタンパク質が遺伝子の情報をもとに合成されるところからはじまります．まず，細胞の核内にDNAとしてコード化され保存されている遺伝情報は，メッセンジャRNA（mRNA）として転写され，さらにmRNAはリボソームで翻訳され，タンパク質が合成されます．合成されたタンパク質は，それぞれ異なった機能をもっています．その中でもある種のタンパク質は，細胞質で合成されたあと，核内に移行し，特定の遺伝子のDNAと結合することで，そのDNAにコードされた遺伝子の発現を制御します．この制御は促進的にはたらく場合もあれば，抑制的にはたらく場合もあります．促進的な制御を受けた場合，制御された側の遺伝子はより多く発現するようになり，抑制的な制御を受けた場合，制御された側の遺伝子は発現が止まったりします．このような制御関係によって，ちょ

うどスイッチをオン・オフするように個々の遺伝子の発現は制御されています．しかしDNAにコードされている遺伝子のすべてが常に発現しているわけではなく，同じヒトでも，細胞の種類によって発現している遺伝子の種類が同じものもありますが，異なっているものもあります．また，最近では，マイクロRNA（miRNA）といったRNAが，こうした制御に深く関わっていることがわかってきました．

1.1.2 シグナル伝達の話

また，あるタンパク質は，細胞内で合成されたあと，細胞外へ分泌され，他の細胞へ指令を伝え

COLUMN 1

小さなRNA

細胞の中で機能を担う分子はタンパク質がおもなものである，ということは常識的であり，間違いではありません．くり返しになりますが，タンパク質は，いわゆる分子生物学のセントラルドグマのとおり，DNAからメッセンジャRNA（mRNA）への転写，mRNAからタンパク質への翻訳によって作られる物質です．ここで知っておくべき事実は，DNAから転写されたRNAのすべては，mRNAとしての役割をもつわけではなく，目的が不明であるものが多いということです．そしてよくわからないRNAは，ゴミのRNAとして長い間，関心の対象外とされてきました．

1993年に，タンパク質に翻訳されないこのようなRNAの一つが，特異的な遺伝子の発現の抑制に関わっていることが発見されました．同様のことが，21世紀に入ってからの研究によって，さまざまな生物で起こっている現象であることが確かめられ，これらのRNAをとくにマイクロRNA（miRNA）とよぶようになりました．miRNAの大きさは20〜25塩基長と，とても短いものです．miRNAは，核内から細胞質に移動し成熟するまでに，いくらかの過程を経てタンパク質との複合体となり，自らと部分的に相補的なmRNAに結合し，このmRNAを無能化するとされています．つまり，特定のタンパク質が翻訳されることを抑制・阻害する能力を有する機能分子が新たに加わったといえます．植物では，類似のRNAであるshort interfering RNA（siRNA）がウイルスRNAの転写を阻害している例も見つかっています．どうやらここにきてRNAの，それも小さなRNAの存在が見直されはじめているのです．そもそも地球上ではじめての機能分子はRNAなどの核酸であったといわれています．核酸は同時に情報分子としてふるまうことも可能であり，生物の根源分子といっていいかもしれません．十分に進化をした生物は，生存に不要で無駄な機構をあえて維持していることはありません．維持にはコストがかかりますから．細胞の中で起こっていることがらは，他の何かと関係があるために存在しているはずなのです．

ともかく，遺伝子ネットワークはそうそう単純なものではなく，タンパク質以外の機能分子の存在も忘れることはできません．

るシグナルタンパク質としての役割をもっています．シグナルとして出ているタンパク質をリガンドとよび，そのシグナルを受け取るほうのタンパク質を受容体（レセプタ）とよんでいます．リガンドとレセプタの立体構造は，鍵と鍵穴にたとえられるように，特定のリガンドは，その形状に合致する特定のレセプタに結合します．レセプタは，リガンドを受け取ることで活性化し，また別のタンパク質を活性化させることでシグナルを伝えます．レセプタによって活性化されたタンパク質は，さらに別のタンパク質を活性化させます．このように，シグナルは連鎖的にパスウェイとよばれる分子のネットワークの下流にあるタンパク質に伝えられていきます．これらのシグナルが核内まで伝えられ，前述のような遺伝子の発現を制御することもあります．

1.1.3 代謝の話

細胞内で必要とされるエネルギ（ATP）やアミノ酸，糖類は，いくつもの化学反応を経て，合成されます（代謝されます）．たとえば，エタノールはアセトアルデヒドに代謝され，さらにアセトアルデヒドは酢酸に代謝されます．また，代謝反応には，その反応を触媒するための酵素が必要です．これらの酵素もまた遺伝子の情報をもとに合成されるものです．

1.2 細胞内の反応とパスウェイ

遺伝子の制御やシグナル伝達の経路，代謝の経路は，数万の反応からなるネットワークであり，このネットワークを**パスウェイ**とよんでいます．そしてパスウェイについての情報は，多くの場合，遺伝子の名前や代謝産物を矢印で結んだネットワーク図として表現されています．遺伝子やタンパク質をいろいろな職業の人物にたとえるならば，パスウェイの図は，私たちの社会で働く人たちの人物相関図だといえます．

図1.1は，遺伝子の制御関係の例を表した簡単な図です．これは，*MDM2*とよばれる遺伝子は，*p53*とよばれる遺伝子のはたらきを抑制しており，*p53*遺伝子は，*Bax*とよばれる遺伝子の発現を活性化する関係にあることを表現しています．遺伝子の名前と遺伝子の名前を結ぶ矢印は，遺伝子の転写のはたらきを抑制したり，活性化することを意味しています．

MDM2 ───┤ *p53* ───▶ *Bax*
図1.1

また，図1.2は，シグナル伝達の経路を表した図です．FasLというリガンドは，アポトーシス（プログラムされた細胞死）のシグナルです．Fas受容体はFasLと結合することで，FasLのシグナルを受け取り，カスパーゼ8を活性化することで，シグナルを伝えます．シグナル伝達経路を表したパスウェイでは，矢印は，タンパク質とタンパク質が結合する，または，リン酸化する，アセチル化するといったさまざまな化学反応を意味しています．

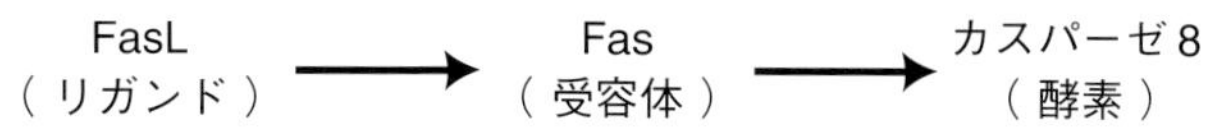

FasL ───▶ Fas ───▶ カスパーゼ8
（リガンド）　（受容体）　（酵素）
図1.2

エタノールがアセトアルデヒドから酢酸に代謝される経路は，**図1.3**のように表されることがあります．エタノールなどの代謝産物を，代謝される順番に矢印でつないでいます．それぞれの矢印には代謝反応の意味がこめられています．それぞれの代謝反応には，それを触媒する酵素が必要です．このパスウェイには描かれていませんが，矢印に酵素の名前がつけられていることもあります．

エタノール ⟶ アセトアルデヒド ⟶ 酢酸

図1.3

本書では，このようなパスウェイを対象にして，生命をシステムとして理解するための方法を学んでいきます．

第2章
パスウェイのデータベース

パスウェイに関する情報は比較的よくデータベースに整理され，専門的知識をもったキュレータとよばれる人たちが文献を読むことで作成された高品質のデータベースから，文献要旨から自然言語処理やテキストマイニングなどを用いた人手では不可能な規模の検索をするものまで，さまざまです．したがって，商用・公用にかかわらず，品質や特徴に大きな違いがあるため，用途に応じてこうしたデータベースを使い分ける必要があります．本章ではそうしたパスウェイのデータベースのいくつかを紹介します．それらのデータベースでは，論文などの文献情報をもとに，代謝経路，遺伝子ネットワーク，シグナル伝達経路をまとめたパスウェイの図なども一緒に表示することができます．また，個人がパスウェイの作成，編集，表示，解析などに用いることができるソフトウェアも簡単に紹介します．

2.1 パスウェイデータベースの紹介

　世界各国でパスウェイの情報をまとめたデータベースが構築されています．それぞれのデータベースには作成者・グループの強い思い入れが特色として出ています．代謝経路に詳しいデータベースもあれば，シグナル伝達経路に詳しいデータベースもあります．データベースの作成方法は，おもに，キュレータとよばれる専門家が論文を読み，読みとった内容をパスウェイの絵やグラフの構造などを使ってまとめる手法が一般的です．他に，コンピュータによる自然言語処理やテキストマイニングによって，制御関係や反応などの情報を文献の文章から取り出し，パスウェイとしてまとめる方法もあります．ここでは，代謝経路，シグナル伝達経路を中心にまとめられたデータベースの機能や特徴を紹介します．

　こうしたパスウェイの情報は，それぞれのデータベースで定義された **XML**（**eXtensible Markup Language**）とよばれるデータ形式で記述されていることが多く，コンピュータでも読め，一応，人も理解できるという利点があります．次の例は，「id が "5" の講義は2007年4月1日に "masao nagasaki" という人によって行われる」という情報を XML 形式で記述したものです．

```
<lecture id="5">
    <date>2007-04-01</date>
    <person>masao nagasaki</person>
```

```
</lecture>
```

以下の節で「・・・ML」といった言葉がでてきますが，ある XML 形式でパスウェイに関する情報が上の例のような感じで記述されているのだと思ってください．本書を読む上ではそれ以上に入り込む必要はありません．

2.1.1 KEGG

KEGG（Kyoto Encyclopedia of Genes and Genomes）は，京都大学化学研究所バイオインフォマティクスセンターを中核拠点にして，東京大学医科学研究所ヒトゲノム解析センターなどの協力のもとで作られたデータベース群です（http://www.kegg.jp/）．10 年以上にわたって開発が行われてきました．百科事典（Encyclopedia）の名前がついているとおり，遺伝子の配列や化合物情報などゲノム研究に必要なさまざまな情報がまとめられています（図 2.1）．まさに KEGG は環境まで含めた生命システムに関する情報を体系的に知識ベース化することを目指した統合データベース（百科事典）といえるでしょう．そのデータベースのうち，「PATHWAY」の項目には，代謝反応のパスウェイが中心にまとめられています．データベースを使用するためのライセンスは，アカデミックまたは非商用の利用は無償，商用での利用は有償となっており，Pathway Solutions Inc.（http://www.pathway.jp/）から販売されています．

KEGG のパスウェイは，酵母，マウス，ヒトの代謝反応のパスウェイが中心である点が特徴です．また，細胞周期やアポトーシスなど，シグナル伝達系のパスウェイも整備されつつあります．パスウェイの作成方法として，キュレータという専門家が，個々の遺伝子のはたらきに関する文献を読み，情報をまとめる手法をとっています．まとめられた情報は，パスウェイの図として描かれています．KEGG のパスウェイは，ウェブブラウザ（インターネット）を利用して閲覧が可能です．たとえば，ある化合物 A が別の化合物 B に代謝される経路（パスウェイ）が存在するかどうか探すことや，ある化合物 A を化合物 B に代謝するには，どの酵素が必要かを探すことができます．また，データベースのリンクをたどることで，代謝に必要な酵素の遺伝子の塩基配列や染色体上での位置などのデータを探すことができます．

COLUMN 2

XML ってなぁに

自己拡張可能なマークアップ言語の 1 つで，正式名称は Extensible Markup Language です．マークアップ言語とは，文書の構造や表現属性などの情報を一定の規則に従って文章中に記述する方式の言語仕様です．XML は，標準化団体である W3C の XML ワーキンググループによって 1996 年に開発されました．文書構造の規則を文書の作成者が決定し，その規則を共有できるため，XML という標準仕様を用いながら，特定の構造にとらわれない自由度の高い文書をさまざまなアプリケーション間で交換することができるという特徴があります．

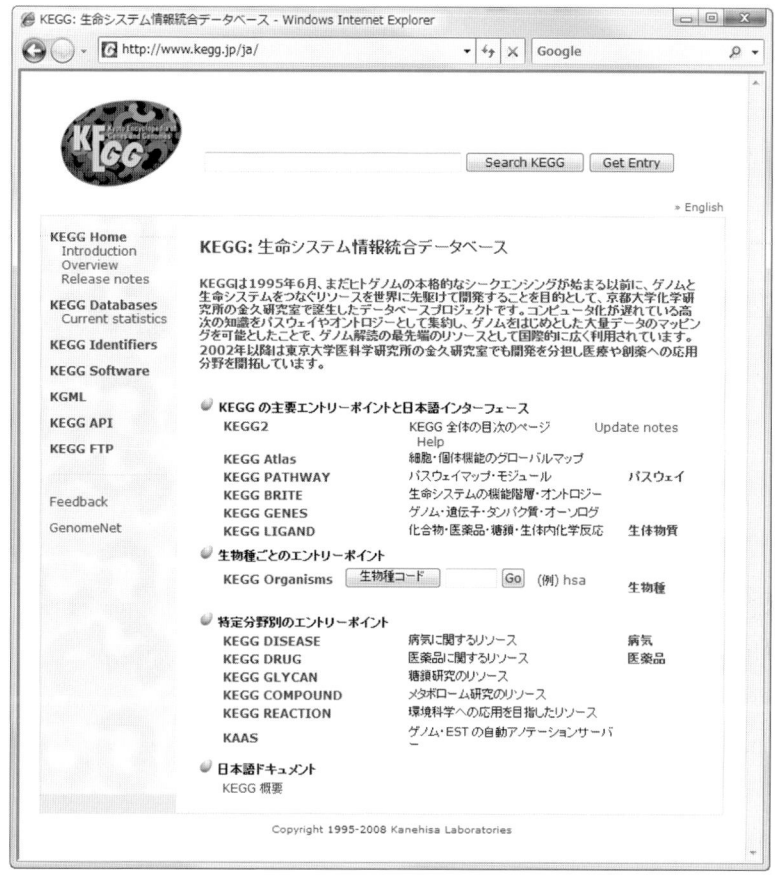

図2.1

パスウェイの表記規則は独自のもので，KEGGMLというものが開発されています．また，パスウェイはGIF画像の形式で表示されるため，ユーザはパスウェイを基本的に編集できません．

2.1.2 BioCyc

BioCycは，米国のSRIインターナショナルが提供するパスウェイデータベースです（http://www.biocyc.org/）．SRIインターナショナルのバイオインフォマティクスリサーチグループによって開発が行われてきたもので，代謝経路を中心にまとめられている高品質のデータベースです．BioCycに関連したデータベースとして，EcoCyc, MetaCyc, HumanCycなどがあります．ライセンスは，アカデミックまたは非商用の利用は無償，商用での利用は有償となっています．生物種は，ヒト，大腸菌を中心に多岐にわたっています．EcoCycは，大腸菌（E. coli）の代謝経路の情報を蓄積したデータベースです．代謝反応の化学式でパスウェイが表されています．また，現在，代謝経路ほど多くはありませんが，シグナル伝達経路のパスウェイも登録されています．

さらに代謝経路のパスウェイの上流にある遺伝子ネットワークの情報もまとめられています．つまり，代謝経路のパスウェイから，代謝反応にはたらく酵素の遺伝子の情報へリンクがあり，それらの遺伝子の転写を制御している因子（遺伝子）について記載されています．パスウェイマップの表示は，表示内容の詳しさによって数段階に分かれています．一番詳しい段階のパスウェイマップ

では，代謝産物は化学式で表示されています．

パスウェイの作成方法は，キュレータが文献を読んでまとめる手法をとっています．パスウェイの表記規則は独自のものを使っています．パスウェイは GIF 画像の形式で表示されるため，ユーザは基本的にパスウェイの編集をすることはできません．しかし，パスウェイのデータは，パスウェイのマップ以外にも，テキストの形式で利用可能です．

2.1.3　Ingenuity Pathways Knowledge Base

Ingenuity Pathways Knowledge Base（IPKB）は，Ingenuity Systems 社のパスウェイデータベースです（http://www.ingenuity.com/）．アカデミックにも商用にも有償でサービスを提供しています．遺伝子ネットワークおよびシグナル伝達経路のパスウェイのデータベースであり，多くのキュレータが文献を読み，抽出した情報をまとめています．生物種は，ヒト，マウス，ラットで，それらの遺伝子の情報がまとめられています．（2008年5月時点でウェブページに発表されているデータでは，ヒトの遺伝子13,600個，マウスの遺伝子11,000個，ラットの遺伝子6,600個となっています）．後述の Ingenuity Pathways Analysis（IPA）を用いて，パスウェイの情報を表示し，解析するための環境を与えています．IPKB は閲覧も含め有償のサービスであり，ウェブブラウザで自由に閲覧できるデータベースではありません．KEGG や BioCyc と同様，パスウェイは独自の表記規則で表現されています．しかし，KEGG や BioCyc と大きく違うことは，IPA を使用することでパスウェイの閲覧に加えて編集が可能です．そして，ユーザが編集して作成したパスウェイを JPEG や SVG などの画像形式で出力することができます．

2.1.4　TRANSPATH

TRANSPATH は，BIOBASE 社の遺伝子ネットワークおよびシグナル伝達経路のパスウェイのデータベースです（http://www.biobase-international.com/）．最新版のデータはアカデミックも商用も有償のサービスとして提供されています．旧版の一部のデータは，無償の評価版としてアカデミックユーザー向けに公開されています（http://www.gene-regulation.com/）．また，BIOBASE 社は TRANSPATH データベースの他に，転写因子のデータベースである TRANSFAC データベース，タンパク質のデータベースである PROTEOME データベースを提供しています．それらの3つのデータベースを連携させたサービス（ExPlain）も提供しています．

TRANSPATH データベースも，これまでに述べたパスウェイデータベースと同様に，キュレータが1件1件の文献を読んで相互作用の情報をまとめる手法で作成されており，高品質です．パスウェイの表記規則は独自の形式を用いています．ライセンスを取得すれば，ウェブブラウザでパスウェイの閲覧や検索ができます．また，テキスト形式でまとめられたデータをダウンロードして利用することもできます．たとえば，I-κB のリン酸化は以下の反応式で表現されています．

```
IkappaB-alpha, IkappaB-beta:p50:RelA+ATP-IKK-alpha{p}:IKK-
beta{p}:(IKK-gamma)2->IkappaB-alpha, IkappaB-beta{pS}:p50:RelA+ADP
(phosphorylation)
```

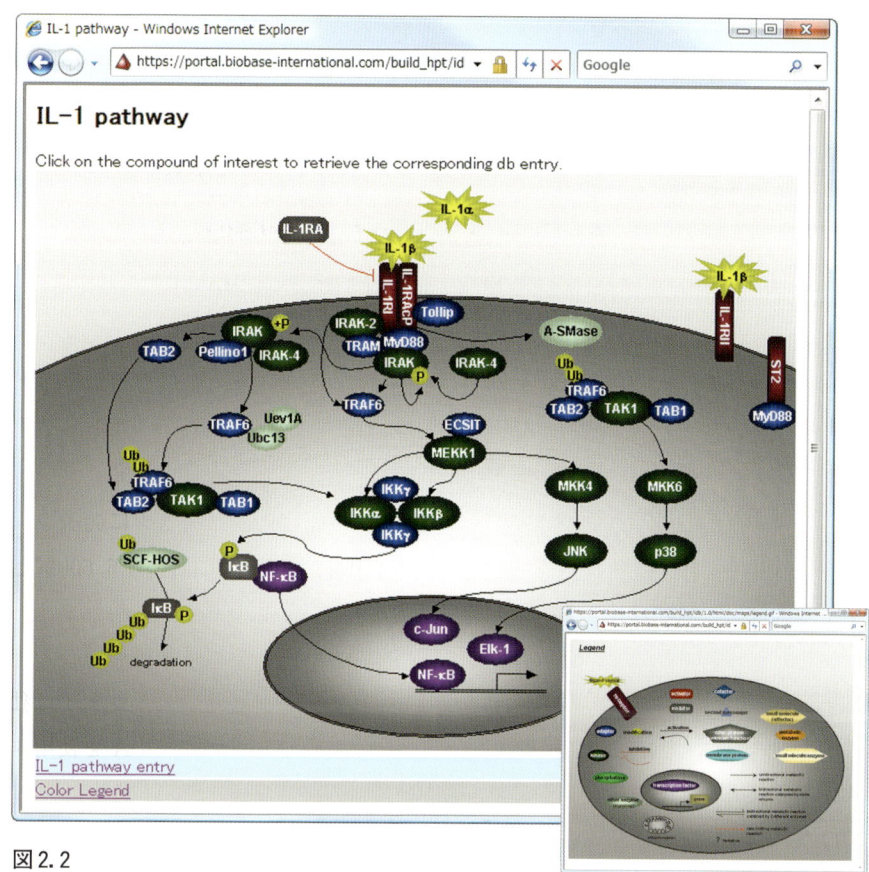

図2.2

それぞれの反応式には，その反応の存在を示す根拠となった文献へのリンクが張られているため，その反応式が具体的にどのような生化学的な反応を意味するのか確認することができます．図2.2はウェブブラウザで表示したTRANSPATHのIL-1パスウェイ，図2.3はウェブブラウザで表示したTRANSPATHのこの反応式の情報です．

2.1.5 ResNet

ResNetは，Ariadne Genomics社のパスウェイデータベースです（http://www.ariadnegenomics.com/）．アカデミックと商用ともに有償です．ResNetのパスウェイは，遺伝子ネットワークおよびシグナル伝達経路を扱っています．他のデータベースと違い，コンピュータを使った機械的な手法でパスウェイ情報を構築しているのが特徴です．つまり，文献の文章を自然言語処理することで，遺伝子やタンパク質の制御関係を抽出しパスウェイを作成しています．文章を自然言語処理し制御関係を抽出する過程には，同社のMedScanとよばれるソフトウェアが用いられています．おもにPubMedに登録されている文献要旨から情報の抽出が行われ，一部の文献については本文のすべてが処理されているといわれています．また，キュレータによって抽出されたパスウェイのデータもあります．

MedScanによって得られたパスウェイのデータは，同社のパスウェイを表示するためのツール

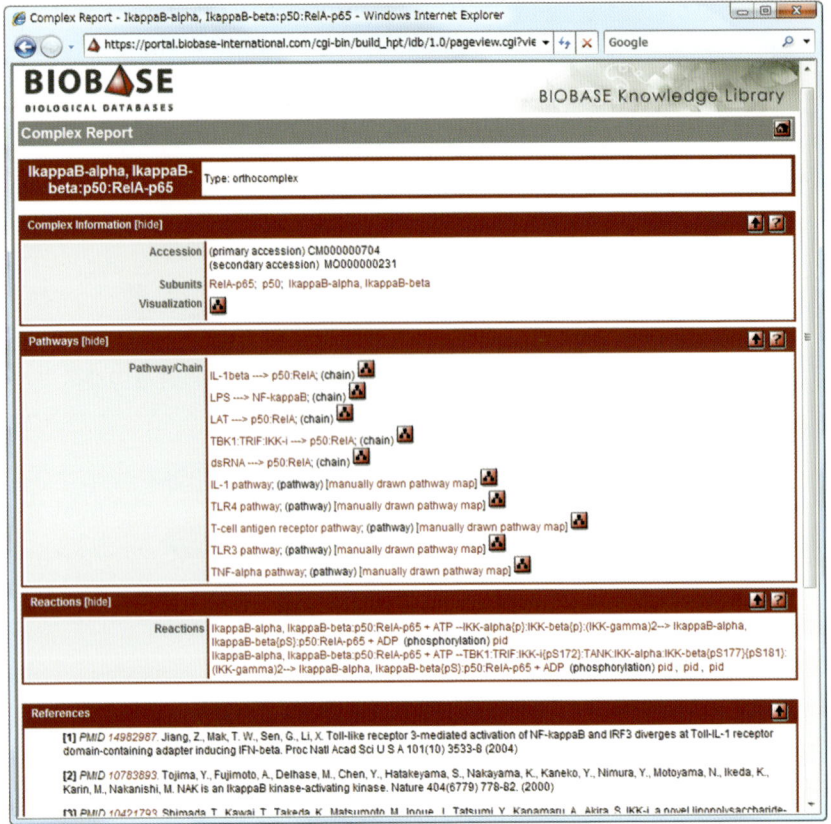

図2.3

である Pathway Studio を使用して閲覧と編集が可能です．他のパスウェイデータベースと同様に，MedScan で作成されたパスウェイの表記規則も独自の形式のものを使っています．ResNet では，遺伝子（またはタンパク質）と遺伝子（タンパク質）の間に制御関係の種類に応じてラベルの異なる矢印を引くことで意味を表現しています．遺伝子（タンパク質）どうしの関係が「＋」（プラス）とラベルされた矢印で結ばれていた場合は，その一方の遺伝子（タンパク質）が他方の遺伝子（タンパク質）を活性化することを意味します．これに対して，「－」（マイナス）とラベルされた矢印は，一方が他方を抑制することを意味します．どちらとも判断がつかない場合，「？」とラベルされた矢印で表されています．そして，こうした単純な記法では表せない生化学的な情報については，コメントなどの情報を付けることで補っています．これらの情報をユーザが編集することもできます．

2.1.6　Signal Transduction Knowledge Environment（STKE）：Database of Cell Signaling

　Signal Transduction Knowledge Environment（STKE）の Database of Cell Signaling は，*Science* 誌がオンラインで提供するサービスの一つです（http://stke.sciencemag.org/）．このデータベースは，シグナル伝達経路のパスウェイデータベースであり，キュレータによってパスウェイが作成され，登録されている高品質のものです．*Science* 誌のオンラインサービスに申し込むことで利用で

き（ユーザ情報を登録するだけで，パスウェイの閲覧など一部の機能は無料で利用できます），ウェブブラウザで閲覧できるようになっています．そしてパスウェイの絵については GIF または SVG 形式で提供しています．したがって，KEGG や BioCyc と同様に，パスウェイは画像形式（GIF または SVG）であるため，ユーザがパスウェイをウェブブラウザ上で編集することはできません．パスウェイの表記規則は独自の形式を使っています．ResNet と同様の方法で，遺伝子（またはタンパク質）と遺伝子（タンパク質）の制御関係を関係の種類に応じて異なるラベルの付いた矢印で表しています．「+」(stimulatory)，「-」(inhibitory)，「o」(neutral)，「?」(undefined) の 4 種類のラベルで意味を表そうとしています．パスウェイが Specific と Canonical の 2 つのタイプに分かれているのが特徴です．Specific パスウェイは組織や生物種に特有のパスウェイであるのに対して，Canonical パスウェイは一般化されたパスウェイです．なお，TRANSPATH や ResNet のように，ユーザが対象とする遺伝子群（タンパク質群）のリストから自動的にパスウェイを構築する機能はありません．

登録されているコンテンツには，以下のようなパスウェイが含まれています（2007 年 3 月現在）．

- Cell Biology（46 パスウェイ）
- Developmental and Reproductive Biology（32 パスウェイ）
- Immune, Inflammatory, and Defense Signaling（17 パスウェイ）
- Microbiology（6 パスウェイ）
- Neurobiology（5 パスウェイ）
- Plant Biology（15 パスウェイ）
- Stress, Death, and Survival Signaling（9 パスウェイ）
- Pathways Implicated in Human Disease（11 パスウェイ）

2.1.7 Reactome

Reactome は，細胞内の代謝経路やシグナル伝達経路を含むパスウェイとリアクションが集められたパスウェイデータベースです（http://www.reactome.org/）．Cold Spring Harbor Laboratory と European Bioinformatics Institute と Gene Ontology Consortium（後述の Gene Ontology を策定しているコンソーシアム）を中心としたプロジェクトです．対象としている生物種はおもにヒトですが，マウスやラットをはじめ，他の 22 種の生物のデータもあります．パスウェイはキュレータによって作成されています．

Reactome のパスウェイとリアクションはウェブブラウザで閲覧できますが，ブラウザ上での編集はできません．パスウェイの表記規則は独自形式をとっていますが，パスウェイやリアクションのデータは，すべてではないものの，複数のフォーマットで入手可能となっています．ヒトのリアクションは後述の SBML 形式で配布されています．また，ヒトのタンパク質間相互作用のデータはタブ区切り形式，細胞内のイベントの情報は 2.3.5 項の BioPAX 形式で配布されています．これらのデータはダウンロードが可能です．

2.1.8 Metabolome.jp

Metabolome.jp は，東京大学新領域創成科学研究科情報生命科学専攻を中心にいくつかの研究室の協力で構築されている代謝系のパスウェイデータベースです（http://www.metabolome.jp/）．ARM というアプレットを使い，ブラウザ上で代謝系のパスウェイの閲覧と編集が可能です．パスウェイはキュレータによって作成されています．パスウェイ上の個々の代謝産物は構造式で表現され，原子の移動を考慮したパスウェイの表示が可能であり，KEGG などとは違って，代謝物間の原子移動の追跡ができます．パスウェイのデータは独自形式を使っています．

2.1.9 まとめ

以上，紹介したように，さまざまなタイプのパスウェイデータベースが構築され，提供されています．それぞれのパスウェイデータベースは，おもに扱っているパスウェイの種類が異なっています．代謝経路が中心のデータベースもあれば，シグナル伝達経路が中心のデータベースもあります．また，同じ種類のデータベースであっても，扱っている生物種が異なっている場合もあります．しかし，どのパスウェイデータベースも事実を知識として整理しただけで，シミュレーションには対応できていません．

パスウェイの作成方法もキュレータという専門家によるものとコンピュータ（機械）によるものがあり，それぞれデータベースの品質と特徴が異なっています．自然言語処理などの手法で，機械的にパスウェイのデータを収集する方法の利点として，実際にキュレータが文献を読んで情報を抽出するより大量の文献から情報を得られることがあげられます．しかし，生物の知識や実験の詳細な情報がデータベースに反映されにくいなどの欠点もあります．こうした技術は将来的には改善されていくのでしょうが，現時点の実験研究の現場では，キュレータにより正確に作られたデータベース（IPKB や TRANSPATH）を補足している状況です．キュレータにより作成されたデータベースは，一般に高品質です．また，パスウェイデータベースによって，パスウェイの表記規則やデータの保存形式も異なっています．そのため，後述の SBML や BioPAX といった情報の共通化を目指したフォーマットが提案されてはいるものの，これらは現実に満足のいく形で即対応できるものではなく，それぞれのデータベースが独自の形式で対応しているのが現状です．

ここで紹介したデータベースの他にも，次のようなパスウェイデータベースがあります．

- BioCarta：シグナル伝達経路（http://www.biocarta.com/）
- INOH：シグナル伝達経路（http://www.inoh.org/）
- iPath：シグナル伝達経路（http://www.invitrogen.com/content.cfm?pageid=10878）
- Molecular Interaction Map：シグナル伝達経路および遺伝子制御ネットワーク（http://discover.nci.nih.gov/mim/index.jsp）

この他にも多くのパスウェイを集めたデータベースがありますが，ここで紹介したデータベースも含め，さまざまの事情（「研究費が続かなくなった」「国が全面的に支援することになった」「企業化した」など）により，消滅・発展していくものと思われます．そうしたパスウェイのデータベースを使おうとするとき，次の項目が判断の役に立つでしょう．

- ウェブブラウザで閲覧可能か？
- ライセンスは？ 有償，無償？
- データの種類は？ 代謝系，シグナル伝達系，遺伝子制御，その他？
- 情報の抽出は，キュレータか，コンピュータか？
- パスウェイを編集するためのソフトがあるか？
- パスウェイのシミュレーションが可能か？

2.2 パスウェイを表示するソフトウェアの紹介

　パスウェイの情報はどうしても視覚化して直感的にみることが必要です．この節では，そうしたパスウェイを表示して視覚化するソフトウェアを紹介します．

2.2.1　Ingenuity Pathways Analysis（IPA）

　Ingenuity Pathways Analysisは，Ingenuity社のパスウェイデータベースであるIngenuity Pathways Knowledge Base（IPKB）のデータをパスウェイとして表示するためのソフトウェアです．IPAは，遺伝子名のリストが与えられると，それらの遺伝子群が登場するパスウェイを自動的に構築し表示する機能をもっています．たとえば，マイクロアレイの解析結果から，発現変動の大きかった遺伝子群が得られたとします．その得られた遺伝子群（遺伝子名のリスト）をIPAに入力すれば，その遺伝子群に関するパスウェイ情報をデータベースから機械的に探しだしてパスウェイとしてまとめてくれます．パスウェイは，3種の生物種（ヒト，マウス，ラット）のデータを混ぜて生成しています．生物種が異なれば，表示された遺伝子間の相互作用が，ユーザの実験系に存在しないこともあるため，注意する必要があります．

2.2.2　Pathway Builder

　TRANSPATHデータベースに蓄積された反応式からパスウェイを自動的に構築する仕組みがPathway Builderです（http://www.biobase-international.com/）．Pathway Builderは，ユーザの要求に応じ，目的の遺伝子（遺伝子群）に関連するすべての反応式をTRANSPATHデータベースから探し出し，それらを機械的につなぎ合わせたパスウェイ情報を構築します．Pathway Builderは，下流や上流の遺伝子を検索してパスウェイに追加して表示できます．この機能により，ある遺伝子によって転写を誘導される遺伝子群はどのようなものか（パスウェイの下流の情報）を探すことができます．逆に，目的の遺伝子はどのような遺伝子群によって制御されているか（パスウェイの上流）を探すこともできます．

2.2.3　Pathway Studio

　Pathway Studioは，Ariadne Genomics社のResNetで生成されたデータをもとにパスウェイを表示するソフトウェアです．パスウェイに新たに分子（遺伝子，タンパク質など）を追加する機能をもち，ユーザがパスウェイに自分のもっている知識を入力できます．パスウェイの自動レイアウ

トの機能があるのも特徴の一つです．IPA や TRANSPATH データベースと同様に，遺伝子名（タンパク質名）でデータベースを検索し，その遺伝子（タンパク質）となんらかの関係があると判断された遺伝子群（タンパク質群）から構成されるパスウェイの図を作成することができます．

2.2.4 Connections Maps

Signal Transduction Knowledge Environment（STKE）：Database of Cell Signaling で提供されるパスウェイを作り出すためのプログラムです．このプログラムは，"Pathway Authority" とよばれるキュレータたちによってデータベースに登録された情報をもとに，自動的にパスウェイの画像を GIF および SVG 形式で生成します．タンパク質や遺伝子は，決められた形と色のシンボルをもち，制御関係は，「＋」（促進），「－」（抑制），「？」（未定義）の 3 種類で表示されます．また，パスウェイの画像にはリンク情報が埋め込まれるため，シンボルや制御関係をクリックして情報をたどることができるようになっています．SVG 形式のパスウェイであれば，ユーザはパスウェイの拡大縮小を自由に行えます．しかし，ユーザが興味のある遺伝子のリストをこのプログラムに与えて，自由にパスウェイ画像を生成することはできません．

2.2.5 Cytoscape

Cytoscape は，分子間の相互作用をネットワーク図として視覚化し，解析するためのソフトウェアです（http://www.cytoscape.org/）．アメリカのカリフォルニア大学やシステムバイオロジー研究所，フランスのパスツール研究所の研究者が中心となり，オープンソースで開発が行われ，無償でダウンロードして利用可能です．なお，Cytoscape を利用するには Java が必要です．2007 年 3 月現在の最新版は 2.4.0 となっています．

タンパク質とタンパク質の結合の情報や，タンパク質と DNA の結合の情報，マイクロアレイの解析結果をネットワークとして表示できます．ネットワーク表現は独自の形式を使っています．タンパク質や遺伝子をノードとよんでいる円，三角，四角で表現しています．そして，相互作用する分子どうしを線（エッジ）で結んで表示するシンプルな形式です．タンパク質や遺伝子，またエッジには，名前以外にもさまざまな属性（attribute）をデータとして入力できます．たとえば，後述の Gene Ontology（GO）の用語や，実験で計測された遺伝子発現レベルの数値などを付け加えることができます．Cytoscape にはフィルタとよばれる機能があり，ユーザは目的の関係だけを絞り込んで表示することができます．GO とフィルタを組み合わせれば，ある機能をもった遺伝子（タンパク質）だけを表示できることになります．

また，解析用の機能はプラグインという形で提供されています．ユーザによって，いろいろな機能のプラグインが開発されており，それらを Cytoscape にインストールして利用できます．たとえば，Agilent 社の作成したプラグインを使えば，文献要旨中に現れるタンパク質や遺伝子の関係を自動的に抽出し，ネットワークとして Cytoscape に表示できます．

ファイルの形式は，シンプルインタラクションファイル（SIF），Graph Markup Language（GML），Extensible Graph Markup and Modelling Language（XGMML），SBML，BioPAX，PSI MI 形式などが使えるようになっています．GML，XGMML は，一般的なグラフ表現のための

XMLです．SBMLやBioPAX，PSI MIは次節で述べます．SIF形式は文字どおり簡単な表記規則のファイルです．たとえば，タンパク質Aとタンパク質Bが相互作用する場合，名前の間に相互作用の名前を入れ，次のように書きます．

A pp B　（ppはprotein-protein interactionを意味しています）

2.3 パスウェイをとりまく表記規則

2.3.1 Gene Ontology（GO）

　Gene Ontologyは，通常GOと略して書かれることが多く，生物学的概念を記述するための共通の語彙を策定し，その間の関係を定義したものです（http://www.geneontology.org/）．オントロジー（ontology）とは，もともとは人工知能の分野で研究され，「概念化の明示的な仕様」と定義されています．このGOプロジェクトは1990年の終わりごろにはじまり，遺伝子の機能情報などを統一した語彙を用いて記述することにより，異なった生物種のデータベース間でも，データの比較や結合などを行いやすくするための基盤となることを目指しています．GOで定義された用語は，GO Termとよばれ，次の3つのカテゴリーに分類されています．

- biological process（生物学的プロセス）
- cellular component（細胞の構成要素）
- molecular function（分子機能）

　これらのカテゴリーには，たとえば"nuclear chromosome"，"chromosome"，"nucleus"，"cell"といった用語が定義されています．そして，これらの用語の間には，「"nuclear chromosome" *is_a* "chromosome"」という"*is_a*"という関係や，「"nucleus" *part_of* "cell"」という"*part_of*"という関係が定義されています．この関係をオントロジーとよんでいます．GOのこうした用語間の関係は，サイクルのない有向グラフ（Directed Acyclic Graph；DAG）で記述されています．コンソーシアムが作られており，多くのデータベースがこのプロジェクトに協力しています．

2.3.2 PSI MI

　Proteomics Standards Initiative（PSI）は，2002年ごろに開始され，質量分析器とタンパク質間相互作用実験からでるデータを対象として，分子間の相互作用などのプロテオミクスに関する情報の表現法を標準化し，データの比較や交換などを行いやすくすることを目指しています（http://psidev.sourceforge.net/）．これまでタンパク質間相互作用に関する情報を取り扱い，そのために，PSI MI XMLというフォーマットを定義しています．

2.3.3 CellML

　CellMLは，細胞レベルでのシステムダイナミクスの入った数理モデルを記述することを目指した，システム生物学のための世界で最初のXMLフォーマットです．300以上のモデルが作成され，

CellML Repository に公開されています（http://www.cellml.org/）．国際フィジオームプロジェクトを効率よく推進する中で，ニュージーランドのオークランド大学が開発したものです．2000年に CellML 1.0 が発表され，その後，CellML 1.1 が提案されています．CellML は，モデルの構造に関する情報，微分方程式などダイナミクスに関する情報，それに加えてそのモデルに関する付加情報を含むように構成されています．そのために MathML という数式を記述するための XML を用いています．さらに，オークランド大学で開発されている FieldML（http://www.physiome.org.nz/xml_languages/fieldml/）と合体させることにより，細胞レベルから生体レベルまでのシステムを記述することを目指しています．

2.3.4 SBML

SBML（Systems Biology Markup Language）も，生化学的な反応モデルを記述するための XML フォーマットのひとつです（http://www.sbml.org/）．2001年に SBML レベル1，2003年に SBML レベル2がリリースされ，CellML と同様に，MathML 対応，空間配置のサポート，物理量の記述などの拡張が行われました．2008年8月の時点で，SBML 2.3 が最新のものとなっています．現在，レベル3に向かって活発な議論が行われている発展途上の XML フォーマットです．また，SBW（Systems Biology Workbench）というオープンソースのアプリケーション統合環境も開発されており，他のシミュレーションや解析ツールを結合することも試みられています．また，SBML に記述された BioModels（http://www.ebi.ac.uk/biomodels/）というデータベースも小規模ながら開発が進んでいます．

2.3.5 BioPAX

BioPAX は，オープンソースのパスウェイ情報の提供を推進するために，2002年に開発がはじめられました（http://www.biopax.org/）．オントロジーを定義するための XML 形式の言語（OWL）を用いて，パスウェイ情報を記述するためのフォーマットを定義しています．BioPAX レベル1は，化合物に関する情報と，代謝系に対応しています．BioPAX レベル2は，分子間の相互作用を対象としており，分子間の結合情報，リン酸化部位などの情報を含んだタンパク質の翻訳後修飾情報，どのような実験でデータが生産されたかの情報，パスウェイの階層化情報などに対応しています．BioPAX レベル3ではシグナル伝達経路や遺伝子制御ネットワークを視野に入れて議論が進んでいます．

2.3.6 CSML/CSO

CSML（Cell System Markup Language）は，細胞内の遺伝子ネットワーク，代謝ネットワーク，シグナル伝達系から細胞間の制御関係を，システムダイナミクスを含めて記述するための XML フォーマットです（http://www.csml.org/）．2008年10月1日の時点で CSML 3.0 が最新のものとなっています．CSML は記述能力が高く，2.3.3項や2.3.4項で紹介した CellML や SBML 形式で記述されたパスウェイを取り込むことができます．

また，厳密に他形式とのデータのやりとりを実現するため，CSML はオントロジー言語 Cell

System Ontology（CSO）を利用して定義されています（2008年10月1日現在，バージョン3.0）．CSOは，2.3.5項で紹介したBioPAXでは表現できないダイナミクスやシグナル伝達経路や遺伝子ネットワークを含めた知識を表現できるオントロジーです．また，CSOではネットワークの記述に必要な語彙と対応する標準アイコン(350以上)を新規に定義しています（第4章の図4.37を参照してください）．なお，CSMLは第3章で紹介するCell Illustrator（セルイラストレータ）というシミュレーションソフトウェアに使われており，CSOのアイコンは，このセルイラストレータにおいて実用レベルで利用されています．CSMLで作成されたモデルは上述のURLからダウンロードできます（図2.4）．

図2.4

第3章
パスウェイシミュレーションソフトウェア

第2章でパスウェイのデータベースを紹介したように，データベースの構築はさかんに行われていることがわかります．一方で，細胞内の反応をシミュレーションするためのソフトウェアの開発もさかんに行われています．細胞内の反応を表現する方法はさまざまであり，これまでのパスウェイデータベースが細胞内の反応の関係を「知識化した絵」で表すのに対し，シミュレーションの分野では，その知識の裏にある動的な仕組みを微分方程式系やプログラミング言語などで表すことが多いため，分子生物学や医学の分野では有効に利用されてきませんでした．そのような数式やプログラムによって表現されたものを「モデル」とよび，数理的に表現することを「モデル化する」とよんでいます．当初は，入力された数式やプログラムの計算のみを行うソフトウェアが大部分でしたので，「モデル」と聞いただけで，みな「私には関係ないわ」とそっぽを向いていました．しかし，最近になって高度なグラフィカルユーザインタフェイス（GUI）を備えた実用的なソフトウェアが登場してくるようになり，パスウェイの絵を描く感覚で，細胞内の反応をモデル化できるようになってきています．

3.1 シミュレーションソフトウェアの裏側

　パスウェイをモデル化しシミュレーションするソフトウェア全般について，そのソフトウェアを見るときに大切な2つの事項があります．第1の事項は，シミュレーションを行うエンジンの部分がどのような方式になっているかです．本書ではこの方式を**アーキテクチャ**とよぶことにします．第2の事項は，モデル化のためのGUIがどのようになっているかです．また，利用できるOSの種類（Windows, Linux, Mac OS X）やライセンスのことなども考えなければなりません．

3.1.1　アーキテクチャは決定的，確率的，それともハイブリッド？

　この項では，よく知りたい読者（ソフトウェアの中身が気になってしょうがない読者）のためだけに，ちょっと専門的な言葉を説明なしに使っています．戸惑いを感じる読者がいると思いますが，後の章の理解には必要ありませんので，もしそう感じたら読み飛ばしてください．
　ここでいうアーキテクチャとはモデルの動的な仕組みを表すためのものです．動作が決定的な場合，連続的な動作を表すにはおもに常微分方程式（ODE）や偏微分方程式（PDE）を用いて記述

します．酵素反応などは常微分方程式を用いて表しています．シミュレーションにおいては，計算が速いことや，モデル作りの際にあらかじめ微分方程式の型がわかっていればその係数を決めればよい，などの利点があります．小さなシステムだと数学的な解析も可能です．しかし，動作が確率的な場合は別の方法を考えねばなりません．離散的な動作，つまりスイッチのような動作は，別にアーキテクチャを考える必要がありますが（第4章で具体的な方法をご紹介します），特別な微分方程式でスイッチの真似をすることもできます．

動作が確率的な場合は，GD（Gillespie's Direct method），GB（Gibson-Bruck next reaction method），FB（Firth-Bray multi-state stochastic method），TL（Gillespie Tau-Leap method），SPN（Stochastic Petri Net method）などの方法があります．ほとんど意味不明かもしれませんが，モデル化は多少簡単になります．しかし，シミュレーションに時間がかかります．また解析もむずかしくなります．パスウェイのモデル化において，反応パラメータがさほど細かくわかっていない場合では，わざわざ確率的なモデルを作る必要があるのかといったこともあります．しかし，実際に確率的な動作をモデル化に加えることが本質的な場合もありますので，アーキテクチャを考える上では必須の事項です．

さらに，ハイブリッド型のものもあり，VB（Vasudeva-Bhalla method），HR（Haseltine-Rawlings method），Hybrid Functional Petri Netなど，決定的，確率的な動作を組み合わせたモデル化の方法が考えられています．数学的解析はますますもってむずかしくなってしまいますが，より高度なモデルを作成できます．

3.1.2　パスウェイのモデル化の手法

第2章で紹介したように，パスウェイのモデルを記述するにはいろいろなフォーマットが使われています．モデルを作るとは，すなわちこれらのフォーマットでパスウェイの情報を動的な仕組みも含めて記述することに他なりません．このためには通常，次のような方法がとられています．

1）C++，Java，スクリプト言語など，プログラム言語を直接用いて記述する．
2）XMLなどの指定されたテキストフォーマットで直接書く．
3）シミュレーションソフトウェアに付いているGUIを使う．これはソフトウェアで用いられているアーキテクチャにある程度依存します．また，GUIといっても，指定されたフォーマットを埋めるのを支援するものや，表やリスト形式で書くだけのものもあれば，お絵かきツールのように使えるものものあり，その使い勝手は実にさまざまです．

3.2　シミュレーションのソフトウェアの紹介

生命システムをシミュレーションすることを標榜（ひょうぼう）したソフトウェアは数多く開発されていますが，使用する際，ある程度コンピュータやプログラミングの技術を必要とするものが多いというのが現状です．ここでは，シミュレーションのためのソフトウェアのうち，簡単にインストールができて，比較的簡単に操作できるソフトウェアを紹介します．

3.2.1 Gepasi/COPASI

Gepasi (http://www.gepasi.org/) は，細胞内の反応をシミュレーションする初期のころに開発された，Windowsで動作するソフトウェアです．Gepasiの後継として作成されたソフトウェアがCOPASI (http://www.copasi.org/) であり，UNIXやMacでも動作します．個人で利用する場合，無償で提供されています．細胞内の反応は，リアクション（reaction）とよばれる反応式を入力することでモデル化できます．反応式を入力するための簡単な機能は付いています．シミュレーションの実行結果はグラフとして表示されます．アーキテクチャは常微分方程式を用いています．

3.2.2 Virtual Cell

Virtual Cell (http://www.vcell.org/) は，University of Connecticut Health Centerで開発され，提供されている細胞をモデル化するための環境です．Java Web Startとよばれる仕組みを使って提供されており，研究者はインターネットにつながったコンピュータから無償で利用できます．GUIを備えており，モデルの表現方法は，Gepasiのように反応式だけを並べるタイプではありません．細胞の絵の中にパーツを配置することで，細胞のモデルを作成できるように工夫されています．細胞を3次元で表現できるようになっていることが，他のソフトウェアにない特徴といえます．細胞の表面を物質が拡散していく様子を立体的に表示することもできます．Virtual Cellを使用して作成されたモデルは，ウェブサイトで公開されています．アーキテクチャは決定的な常微分方程式や偏微分方程式系を使っています．

3.2.3 Systems Biology Workbench (SBW), Cell Designer, JDesigner

Systems Biology Workbench (SBW) は，SBML形式で書かれたモデルをシミュレーションするための環境です．プロジェクトのウェブサイト（http://sbw.sourceforge.net/）で公開されており，無償で利用可能です．SBW自体は，反応式の計算やプログラムを実行するだけの仕組みであるため，通常，シミュレーション機能のないCell Designer (http://www.systems-biology.org/cd/) やJDesigner (http://www.sys-bio.org/) などのSBML形式のモデルを描けるソフトウェアと組み合わせて使用しなければなりません．Cell DesignerやJDesignerはGUIを備えており，マウスでパーツを選んで配置することで，細胞内の反応をモデル化することができます．SBWは，作成されたモデルを読み込んでシミュレーションを行い，その結果を表示します．SBWのアーキテクチャはハイブリッド（GD，GBなど）です．

3.2.4 Dizzy

Dizzyは，アメリカのシステムバイオロジー研究所（Institute for Systems Biology）で開発された，生化学的反応を決定的・確率的にシミュレーションできるJavaで書かれたソフトウェアです．2008年8月の時点で，バージョン1.11.4が最新になっています．シミュレーションの実行結果はグラフとして表示されます．アーキテクチャは決定的なものは常微分方程式，確率的なものはGillespie, Gibson-Bruck, Tau-Leapを採用しています．1つのモデルを決定的にシミュレーション

するか，確率的にシミュレーションするかを選択することはできますが，同じモデル中に決定的・確率的な反応を組み合わせられるアーキテクチャとはなっていません．Windows, Linux, Mac OS X で動きます．

3.2.5 E-Cell

E-Cell は慶應義塾大学で開発されたもので，代謝系のシミュレーションを試みたパイオニア的なソフトウェアです（http://www.e-cell.org/）．特筆すべき GUI はなく，結果のみの表示となっています．2008 年 8 月の時点で，バージョン 3.1.106 が GPL ライセンスでリリースされています．Windows, Linux, Mac OS X の上で動きます．E-Cell で作られたモデルもいくつかあります．生物学研究の実際の現場で，モデル作りに用いるにはかなりのスキルが必要です．アーキテクチャはハイブリッド（HR）を使っています．

3.2.6 Cell Illustrator

Cell Illustrator（セルイラストレータ）は，東京大学医科学研究所ヒトゲノム解析センターで開発されたソフトウェアで，その製品版が株式会社ジーエヌアイから提供されています（http://www.cellillustrator.com/）．2007 年 7 月の時点で，バージョン 3.0 が最新になっています．3.2.3 項の SBW と異なり，パスウェイを描く機能とシミュレーションの機能が 1 つのソフトウェアで実現されています．「生物系の研究室が実験をするかたわら，パスウェイの情報を知識整理し，その知識整理したモデルをシミュレーションすることで，次の実験に何をするかを決められる」ことを目標として開発されており，パスウェイをまるで絵を描くような直感的操作で作成可能です（図 3.1）．また，作成されたモデルの再利用性を高めるオントロジーの機能も，ユーザが意識することなく自動的に利用できます．アーキテクチャは Hybrid Functional Petri Net を拡張したハイブリッドで，とても強力なエンジンです（HFPNe）．セルイラストレータで作成されたモデルは CSML 形式になっており，CellML や SBML 形式のモデルを読み込むこともできます．セルイラストレータは，東京大学医科学研究所の他，山口大学大学院理工学研究科，オーストラリアのクィーンズランド大学分子生物化学研究所（IMB）や ARC バイオインフォマティクスセンタで行われている Visible Cell プロジェクトなどで利用され，最先端の研究で利用できる製品として評価を受けています．

本書では第 4 章以降，このセルイラストレータを使用してパスウェイのモデル化とシミュレーションを行う方法を説明します．本書に付属している CD-ROM に入っているセルイラストレータは本書用の簡易版（Book Edition）です．Windows, Linux, Mac OS X で動きます．

また，Cell Animator というツールも開発されており，シミュレーションの結果をアニメーションで見ることができます（図 3.2）．

3.2.7 シミュレーションソフトウェアのまとめ

3.2 節で紹介したソフトウェアの 2007 年 4 月の時点での評価を表 3.1 にまとめておきます．日に日に改良されているソフトウェアや，逆に開発が停止してしまうソフトウェア（とくに無償で公開

されているソフトウェア）もありますので，長期の利用を検討している場合には，よく検討をしてから利用する必要があります．

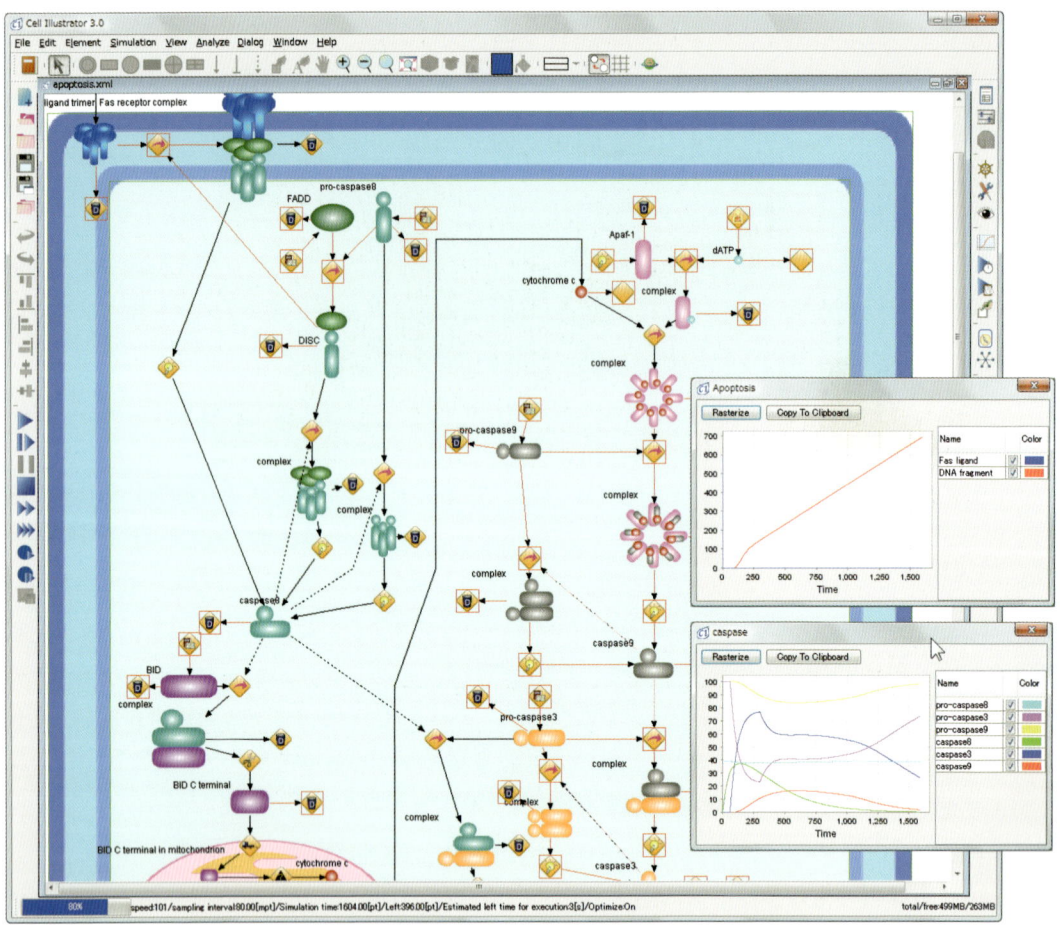

図 3.1

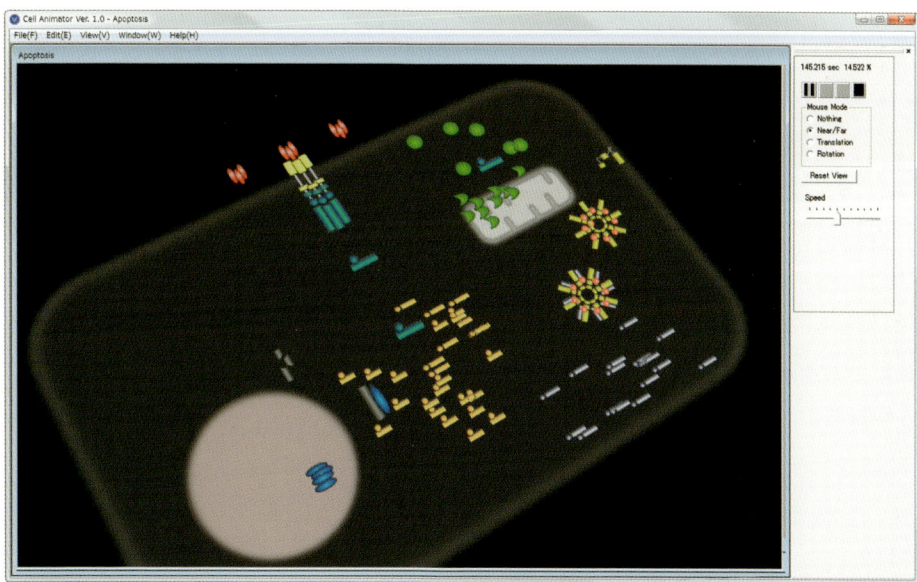

図 3. 2

表3.1

名称	GUIの品質	アーキテクチャ
COPASI	☆	決定的（ODE），解析機能あり
Virtual Cell	☆☆	決定的（ODE，PDE）
Cell Designer	☆☆☆☆	なし
JDesinger	☆☆☆☆	なし
SBW	なし	ハイブリッド（GD，GB など）
Dizzy	☆	ハイブリッド（GD，DB，TL）
E-Cell	☆	ハイブリッド（HR）
Cell Illustrator	☆☆☆☆☆	ハイブリッド（HFPNe）

第4章
セルイラストレータをはじめよう

この章では，CD-ROM に収録されているソフトウェア Cell Illustrator 3.0（セルイラストレータ 3.0）を用いてパスウェイの作成とシミュレーションの実践のための基本操作を学習します．微分方程式やプログラミングなどの専門的な知識はここではいっさい必要ありません．お絵かきツールを使う感覚でシミュレーションできるパスウェイの作り方の基礎ができます．

4.1 セルイラストレータのインストール

4.1.1 セルイラストレータのインストールに必要な条件

　セルイラストレータは Java というプログラミング言語で作成され，"Java" が動く環境さえあれば，ほとんどのコンピュータで動かすことができます．具体的には Windows, Mac や Linux で動作します．セルイラストレータの実行には，Java Runtime Environment（JRE）（= Java VM）のバージョンが 1.5.0 以上である必要があります．すでに十分に新しい JRE がコンピュータにインストールされている場合には，新たに JRE をインストールする必要はありません．なお，Windows と Linux にインストールする場合には，JRE を付属したインストールパッケージが用意されていますから，JRE のインストールも必要な場合には，これらのパッケージを利用すると手間が省けます．手作業で JRE をインストールする場合には，付属 CD-ROM に個別に収録された JRE（1.6.0）か，http://java.sun.com/ から入手できる新しい JRE を用いてください．

4.1.1.1 サポートする OS
　セルイラストレータには，OS と JRE（Java VM）の有無によって以下のパッケージが用意されています．

- Windows NT/2000/XP/Vista（Java VM なし）
- Windows NT/2000/XP/Vista（Java VM あり）
- Linux（Java VM なし）
- Linux（Java VM あり）
- Mac OS X 10.4.8（Tiger）以上

4.1.1.2 ハードウェアの性能

セルイラストレータをインストールするためのハードウェア性能の必要条件は，以下のようになっています．

- CPU：1 G Hz
- メモリ：512 M Bytes
- ディスクスペース：100 M Bytes

実際の作業では，上記条件よりいくらか高い性能のコンピュータを使用するほうがより快適な作業ができます．次のようなハードウェア性能が望まれます．

- CPU：2 G Hz 以上
- メモリ：1 G Bytes 以上

4.1.2 セルイラストレータのラインナップ

ここで，おおまかにセルイラストレータの「種類」を解説しておきます．パソコンにインストールして使用するセルイラストレータには4つのエディションが用意されています（注：2007 年 7 月現在）．機能の低い順から，**セルイラストレータ Draw（CI Draw），セルイラストレータ Standard/Classroom（CI Standard/Classroom），セルイラストレータ Professional（CI Professional）**がそろえられています．CI Draw は，シミュレーション機能を省きパスウェイのモデル作りに特化することで，無償ライセンスが利用できます．CI Standard と CI Classroom は，作成できるパスウェイのサイズに制限があるものの，シミュレーション機能が有効になり，本書に登場するすべてのパスウェイはこれらのエディションで十分です．なお，CI Classroom は授業専用にライセンスされます．CI Professional はすべての機能を制限なく備えており，1,000 以上の要素からなるパスウェイも作れ，大規模遺伝子ネットワークなどの解析に使うことができます．また，これらのエディションの体験版については，30 日間，無償ライセンスが利用できます．

この本に付属の CD-ROM に収録されているセルイラストレータは，セルイラストレータ 3.0 の**簡易版**（この本専用）です．この簡易版は，第 4 章を学習するために必要十分な機能をもっており，CI Draw と CI Classroom の中間の機能をもっています．学習が進み，より大きなパスウェイのモデルが必要になったときは，適切なエディションのライセンスを取得することで，そのまま，新たなエディションとして継続使用ができます．ライセンスの取得方法は，セルイラストレータの公式ページ http://www.cellillustrator.com/ から情報を入手してください．

では，これからこのセルイラストレータ 3.0 簡易版を使ってシステム生物学へアプローチしていきましょう．

4.1.3 セルイラストレータのインストールと実行

パソコンにセルイラストレータのインストールを行います．本書では，Windows Vista 上での環境を使用して解説していきますが，異なる環境であっても本質的な部分には違いがありません．気にせず読み進めてください．

4.1.3.1 Windows へのインストール

4.1.3.1.1 JRE がない場合，またはインストールされているかどうかわからない場合

1) 付属 CD-ROM の CI3.0_wj_setup.exe をクリックしてインストールします．
2) インストールが完了すると，スタートメニューにセルイラストレータが登録されます．これを利用して実行します．

4.1.3.1.2 JRE がすでにインストールされている場合

1) 付属 CD-ROM の CI3.0_setup.exe をクリックしてインストールします．
2) インストールが完了すると，スタートメニューにセルイラストレータが登録されます．これを利用して実行します．

4.1.3.2 Mac OS X へのインストール

Mac OS 版には JRE が付属するインストーラはありません．Mac OS X は Software Update を実行することで JRE も最新版にできます．なお，Classic 環境にはインストールできません．

1) CI3.0x_m.tgz を適当なフォルダに移動します．
2) CI3.0x_m.tgz をダブルクリックし，インストールを開始します．
3) インストールが完了すると，セルイラストレータのアイコンがデスクトップに作成されます．

セルイラストレータを起動するには，デスクトップに作成されたセルイラストレータのアイコンをダブルクリックしてください．

4.1.3.3 Linux へのインストール

すでにインストールされている JRE があり，そのバージョンが 1.5 未満の場合は，JRE 付属版でのインストールはできません．このときは手作業で新しい JRE をインストールしてください．

4.1.3.3.1 JRE 付属版の手順

1) 付属 CD-ROM の CI3.0x_lj.bin を適当なディレクトリに移動します．
2) xterm などのターミナルから "chmod +x CI3.0x_lj.bin" を実行します．
3) "./CI3.0x_lj.bin" を実行します（JRE も同時にインストールされます）．

セルイラストレータを起動するには，新規に作成されたフォルダ（通常 GNI フォルダ）に移動して，"./CI" を実行してください．

4.1.3.3.2 JRE なしのインストール手順

1) 付属 CD-ROM の CI3.0x_l.bin を適当なディレクトリに移動します．
2) xterm などのターミナルから "chmod +x CI3.0x_l.bin" を実行します．
3) "./CI3.0x_l.bin" を実行します．

セルイラストレータを起動するには，新規に作成されたフォルダ（通常 GNI フォルダ）に移動して，"./CI" を実行してください．

4.1.3.4 Unix へのインストール

Unix 版には JRE が付属するインストーラはありませんので，JRE が必要な場合は別途インスト

ールしてください．
1) CI3.0x_u.jar を適当なディレクトリに移動します．
2) xterm などのターミナルから"chmod +x CI3.0x_u.jar"を実行します．
3) "./CI3.0x_u.jar"を実行します．

セルイラストレータを起動するには，新規に作成されたフォルダ（通常 GNI フォルダ）に移動して，"./CI"を実行してください．

4.1.4 ライセンスのインストール

本書に付属の CD-ROM を使ってセルイラストレータ 3.0 の簡易版をインストールすれば，自動的にラインセンスもインストールされています．たとえば，Windows 環境の場合（セルイラストレータのインストール先をインストールの時点で変更していない場合），

"C:￥Program Files￥GNI￥Cell Illustrator3.0"

というフォルダに license.txt というファイルが置かれています．これがライセンスファイルです．

CI Classroom や CI Professional などのエディションを購入した場合には，取得したライセンスファイルをセルイラストレータがインストールされているフォルダに置くことになります．

4.2 セルイラストレータの基本概念

4.2.1 基本概念

セルイラストレータでは，パスウェイのモデル化とシミュレーションをするための考え方としてペトリネットという概念を基礎とした方式を使っています．ペトリネットは，カール A. ペトリ（Carl A. Petri）という人が考案したもので，並行システムのネットワークを記述するための数学的な概念です．これをシステム生物学に応用できるように拡張したものがセルイラストレータでは使われています．専門的な言葉でいうと "Hybrid Functional Petri Net with extension"（略してHFPNe）といいます．また，生物のシステム的な理解になじむように，ペトリネットの研究で使われている用語とは異なる用語を導入しています．セルイラストレータは，基本的な考え方としてHFPNe を利用し，パスウェイを生物学的に理解しやすくするためのさまざまな工夫をすることにより，次のような特性を発揮しています．

1) 絵を描く感覚でパスウェイのモデル化ができる．
2) そのまま簡単なシミュレーションができる．
3) 簡単なモデルから複雑なモデルまでひとつの方式でモデル化することができる．

セルイラストレータでは，パスウェイを**エンティティ**（**Entity**），**プロセス**（**Process**），**コネクタ**（**Connector**）という 3 つの**エレメント**（**Element**）を用いてモデル化します．図 4.1 では，セルイラストレータで使用するエレメントを分類しています．

それではまず，エンティティからはじめます．

図 4.1

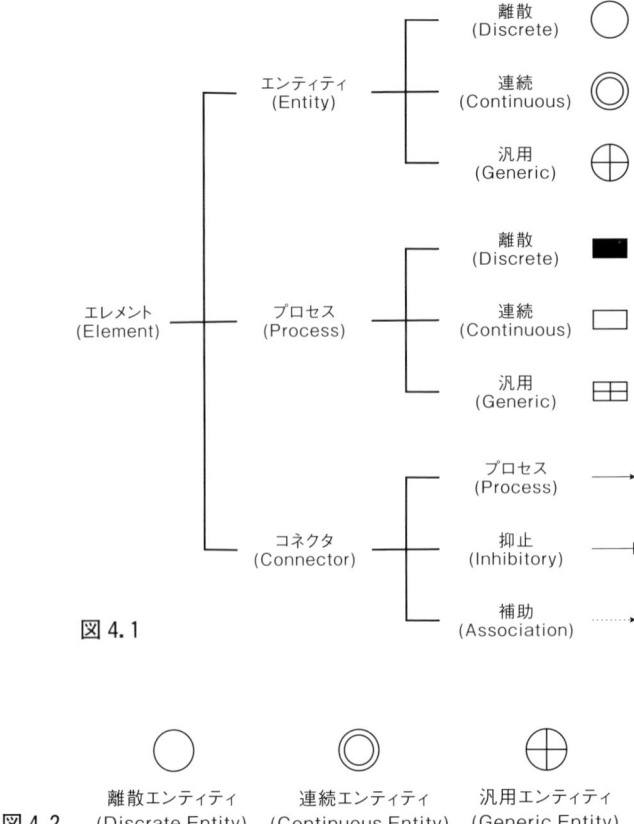

図 4.2

4.2.2 エンティティ（Entity）

エンティティ（Entity）は，タンパク質，mRNA などの「もの（物質）」を表現するものです．エンティティには**離散**（**Discrete**），**連続**（**Continuous**），**汎用**（**Generic**）の 3 つの**タイプ**（**Type**）があります．この 3 つのタイプにはそれぞれ特徴があり，うまく使い分けることで，より適切なモデルを作成することができます．それぞれ，**離散エンティティ**（**Discrete Entity**），**連続エンティティ**（**Continuous Entity**），**汎用エンティティ**（**Generic Entity**）とよび，図 4.2 のように区別しています．

離散エンティティは整数（$0, 1, 2, \cdots$）を値としてもち，連続エンティティは実数値を値としてもつことができます．たとえば，ある分子が何個あるかを表したいときは離散エンティティを用い，その分子の濃度として表したほうがよいときは，連続エンティティを用います．汎用エンティティは，あらゆるオブジェクトを扱えるような仕組みを備えていますが，セルイラストレータではその中でもよく使われる，整数，実数，文字列，真偽値を扱えるようにしています．汎用エンティティについては，本書で取り扱う内容をこえているため省略します．

セルイラストレータでエンティティを**キャンバス**（**Canvas**）に置くと，図 4.3 のように，そのエンティティがもつ 3 つの属性が左上，右上，左下に表示されます．キャンバスについては 4.3 節で作り方を説明します．それぞれ，「**名前**（**Name**）」，「**変数名**（**Variable**）」，「**初期値**（**Initial Value**）」を表します．名前には「e」に数字がついたテキスト，変数名には「m」に数字がついた

図 4.3

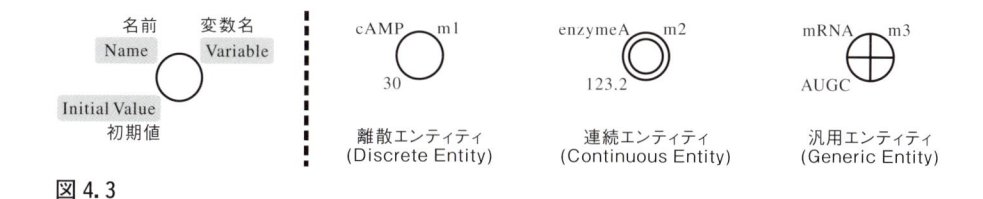

テキスト，初期値には 0 が自動的に表示されます．

「名前（Name）」，「変数名（Variable）」，「初期値（Initial Value）」の変更には次の 3 つの方法があります．

〈その 1〉キャンバス上でエンティティに表示されている対象テキストをダブルクリックし，直接入力します（図 4.4）．

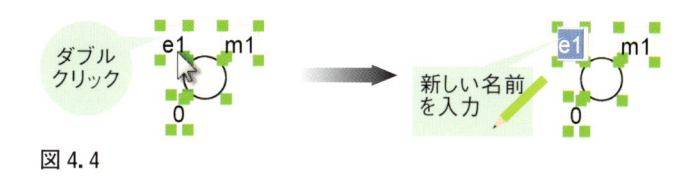

図 4.4

〈その 2〉エレメント設定（Element Settings）ダイアログ（Dialog）を開き，その中の名前（Name），変数（Variable）欄に変更を入力します（図 4.5）．

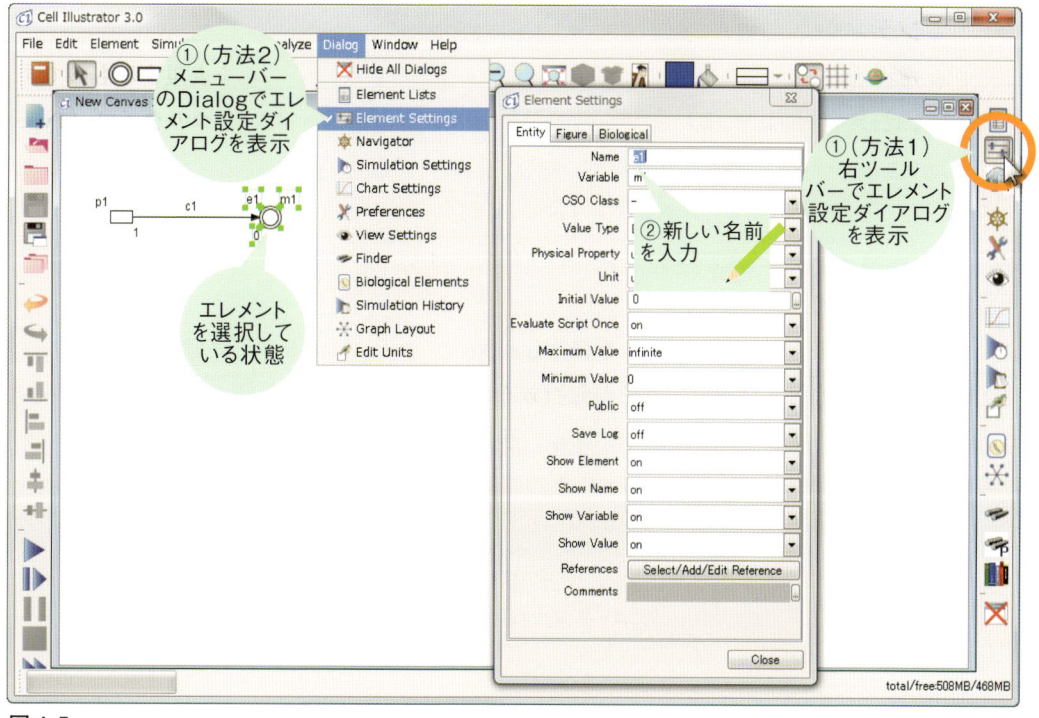

図 4.5

〈その3〉エレメント一覧（**Element Lists**）ダイアログ（**Dialog**）を開き，その中のエンティティ（**Entity**）タブの対象欄（Name/Variable）をダブルクリックして変更を入力します（図4.6）．

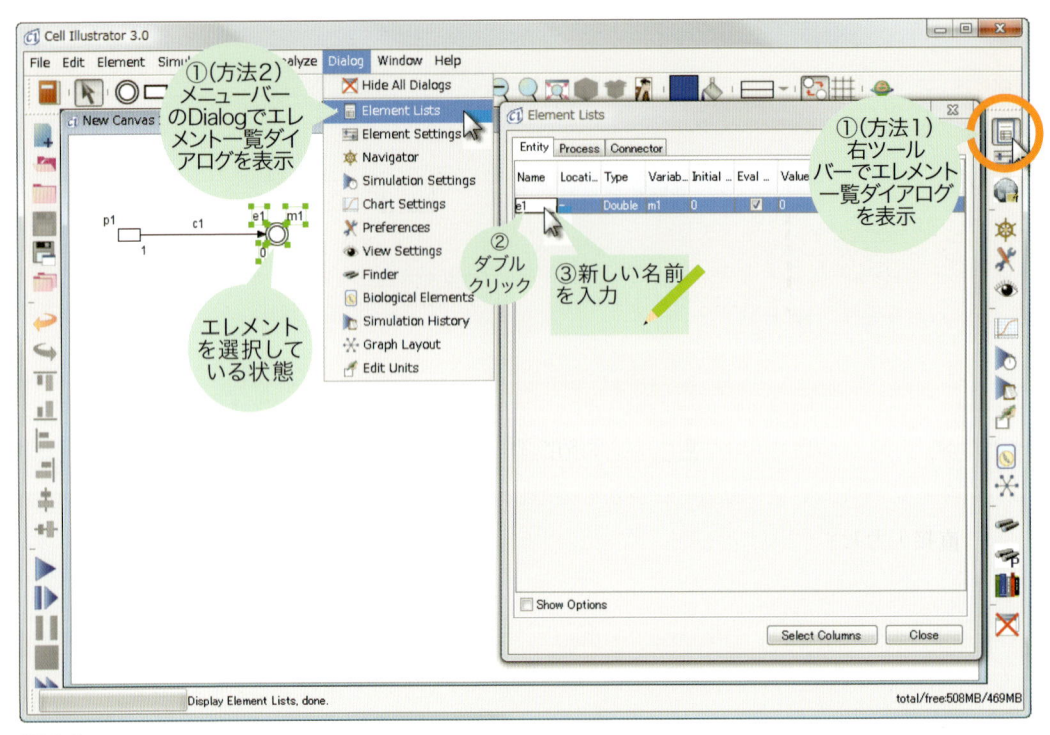

図4.6

4.2.3 プロセス（Process）

プロセス（Process）は，タンパク質などの物質に起こる「こと（事象）」を表現します．たとえば，「活性化」，「結合」，「発現」，「移動」，「転写」，「翻訳」などさまざまな現象を表すことができます．エンティティとの組合せにより，離散と連続を混合したモデルなど，複雑な現象・反応を表現することができます．

プロセスにはエンティティと同様に，**離散**（**Discrete**），**連続**（**Continuous**），**汎用**（**Generic**）の3つの**タイプ**（**Type**）があり，それぞれ，**離散プロセス**（**Discrete Process**），**連続プロセス**（**Continuous Process**），**汎用プロセス**（**Generic Process**）とよび，図4.7のように区別しています．本書では，離散プロセスと連続プロセスについてのみ説明し，汎用プロセスについては省略します．

離散プロセス　　連続プロセス　　汎用プロセス
(Discrete Process)　(Continuous Process)　(Generic Process)

図4.7

セルイラストレータでプロセスをキャンバスに置くと，離散プロセスの場合，図 4.8 の左端のように，そのプロセスがもつ 3 つの属性が左上，左下，右下に表示されます．それぞれ，**名前（Name）**，**ディレイ（Delay）**，**速度（Speed）**を表します．名前には「p」に数字がついたテキスト，ディレイには 1，速度には 1 が自動的に表示されます．連続プロセスの場合は，名前と速度が表示されます．ディレイは，離散プロセスと汎用プロセスに使用される属性です．ディレイは「遅延」を意味しますが，その詳しい意味については後で説明します．

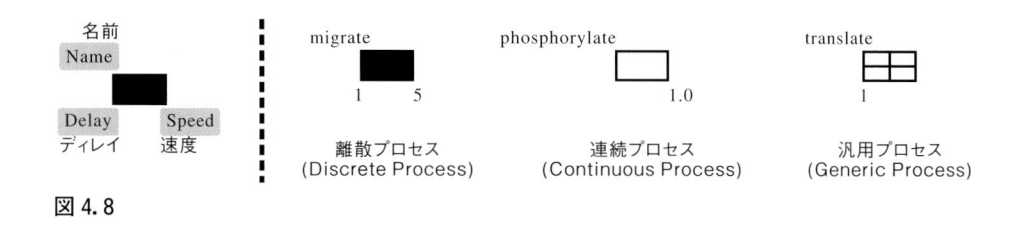

図 4.8

「名前（Name）」，「ディレイ（Delay）」，「速度（Speed）」の変更には次の 3 つの方法があります．

〈その 1〉キャンバス上でプロセス（Process）に表示されている対象テキストをダブルクリックし直接入力します（図 4.9）．

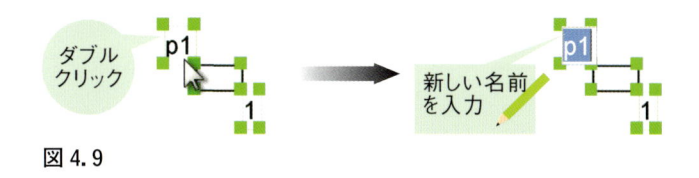

図 4.9

〈その 2〉エレメント設定（Element Settings）ダイアログを開き，その中の名前（Name），ディレイ（Delay），速度（Speed）欄に変更を入力します．

〈その 3〉エレメント一覧（Element Lists）ダイアログを開き，そのプロセス（Process）タブの対象欄 Name/Delay/Speed をダブルクリックして変更を入力します．

4.2.4 コネクタ（Connector）

コネクタ（Connector）は，「もの（物質）」を表すエンティティ（Entity）と「こと（事象）」を表すプロセス（Process）をつなぐ矢印です．エンティティとエンティティ，プロセスとプロセスを直接コネクタで接続することはできません．

とくに，エンティティからプロセスへのコネクタを**入力コネクタ（Input Connector）**，プロセスからエンティティへのコネクタを**出力コネクタ（Output Connector）**とよびます．また，エンティティとプロセス間の接続は，それぞれのタイプにより接続できる場合とできない場合があります（表 4.1 参照）．

コネクタには，**プロセスコネクタ（Process Connector）**，**抑止コネクタ（Inhibitory Connector）**，**補助コネクタ（Association Connector）**の 3 つの**タイプ（Type）**があり，図 4.10 のように区別し

ています．これら3つのタイプのどれもが入力コネクタになりますが，出力コネクタはプロセスコネクタのみとなります．

プロセスコネクタ
(Process Connector)

抑止コネクタ
(Inhibitory Connector)

補助コネクタ
(Association Connector)

図4.10

　プロセスコネクタは，どのような反応にも使用でき，最も使う機会の多いコネクタです．抑止コネクタは，ある物質がある現象・反応を抑制する作用を表現するときに使用します．補助コネクタは，プロセスのはたらきを補助する作用を表現するときに使用します．なお，それぞれのコネクタの具体的な使用方法は4.7節で説明します．

　セルイラストレータでエンティティとプロセスをキャンバス上でつなぐと，図4.11のように，コネクタを表す線が引かれると同時に，コネクタのもつ2つの属性がコネクタの上と下に表示されます．それぞれ，名前（Name），閾値（Threshold）を表します．名前には「c」に数字がついたテキスト，閾値には0が自動的に表示されます．

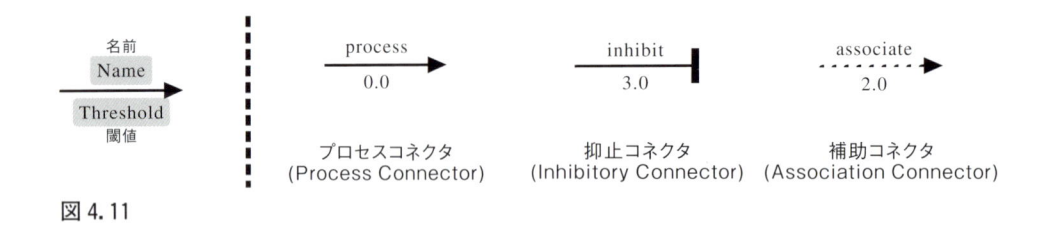

図4.11

「名前（Name）」と「閾値（Threshold）」の変更には次の3つの方法があります．

〈その1〉キャンバス上でコネクタに表示されている対象テキストをダブルクリックし直接入力します（図4.12）．

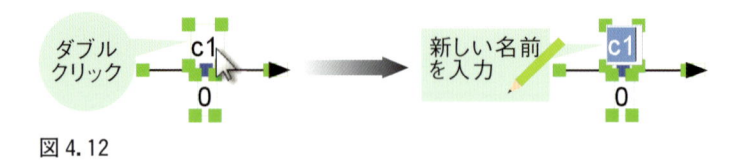

図4.12

〈その2〉エレメント設定（Element Settings）ダイアログを開き，その中の名前（Name），閾値（Threshold）欄に変更を入力します．

〈その3〉エレメント一覧（Element Lists）ダイアログを開き，そのコネクタ（Connector）タブの対象欄 Name/Threshold をダブルクリックして変更を入力します．

4.2.5 エレメント間の接続ルール

セルイラストレータではエレメント間の接続ルールが決まっています．4.2.4 節で説明したように，プロセスとプロセス，エンティティとエンティティはコネクタで接続できません．コネクタはプロセスとエンティティ間を接続するものです．接続規則はコネクタとプロセスのタイプに依存し，表 4.1 のようになります．重要な点は，次の 3 点です．

1) 抑止コネクタ（Inhibitory Connector）と補助コネクタ（Association Connector）は，入力コネクタとしてのみ使え，出力コネクタとしては使えない．その他の接続制約はない．
2) プロセスコネクタ（Process Connector）で離散エンティティ（Discrete Entity）から連続プロセス（Continuous Process）には接続できない．プロセスコネクタ（Process Connector）で連続プロセスから離散エンティティ（Discrete Entity）には接続できない．
3) プロセスコネクタ（Process Connector）で汎用エンティティ（Generic Entity）から離散プロセス（Discrete Process）および連続プロセス（Continuous Process）には接続できない．

キャンバス上で，接続できるエレメント間をコネクタで接続しようとする場合には，図 4.13 のようになります．逆に，つなげない場合は図 4.14 のようになり，接続側のエレメントの色が変化しません．そのため，接続ルールを覚えていなくても，キャンバス上で容易に判定できます．

表 4.1 エンティティ（Entity）とプロセス（Process）の接続ルール

コネクタ（Connector）のタイプ	入力コネクタ［プロセス（Process）］		
プロセス（Process）のタイプ	離散（Discrete）	連続（Continuous）	汎用（Generic）
エンティティ（Entity）のタイプ　離散（Discrete）	✓	—	✓
エンティティ（Entity）のタイプ　連続（Continuous）	✓	✓	✓
エンティティ（Entity）のタイプ　汎用（Generic）	—	—	✓

コネクタ（Connector）のタイプ	入力コネクタ［抑止（Inhibitory），補助（Association）］		
プロセス（Process）のタイプ	離散（Discrete）	連続（Continuous）	汎用（Generic）
エンティティ（Entity）のタイプ　離散（Discrete）	✓	✓	✓
エンティティ（Entity）のタイプ　連続（Continuous）	✓	✓	✓
エンティティ（Entity）のタイプ　汎用（Generic）	✓	✓	✓

コネクタ（Connector）のタイプ	出力コネクタ［プロセス（Process）］		
プロセス（Process）のタイプ	離散（Discrete）	連続（Continuous）	汎用（Generic）
エンティティ（Entity）のタイプ　離散（Discrete）	✓	—	✓
エンティティ（Entity）のタイプ　連続（Continuous）	✓	✓	✓
エンティティ（Entity）のタイプ　汎用（Generic）	✓	✓	✓

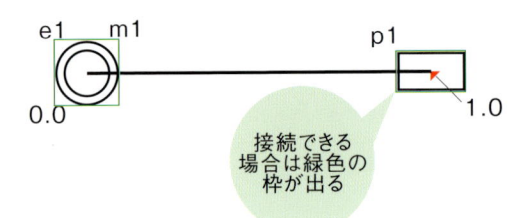

図 4.13

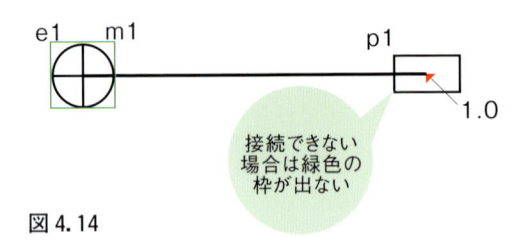

図 4.14

4.2.6 絵つきエレメント

　セルイラストレータでは，これまでに紹介したエレメントの基本的な表現の他に，絵をつけたエレメントをエンティティとプロセスに対して用意しています（4.6 節で説明します）．さらに，ユーザは自分で作成した絵をエンティティとプロセスを表現する絵として用いることができます．このためには，エレメントを選択し，右クリック → [Replace Figure] → [Image] で自分の作成した絵を貼りつけることができます．これらを使用することで，パスウェイのモデルをよりきれいにわかりやすく作成することができます．接続ルール，個々のエレメントのもつ属性，タイプなど，使い方は，基本的な形状（図 4.1 参照）のエンティティやプロセスと同じです．

4.2.6.1 絵つきエンティティのいくつか

タンパク質（Protein）	mRNA	DNA

4.2.6.2 絵つきプロセスのいくつか

活性化（Activation）	切断（Cleavage）	移行（Translocation）
転写（Transcription）	翻訳（Translation）	分解（Degradation）

リン酸化（Phosphorylation）	脱リン酸化（Dephosphorylation）	結合（Binding）
+P	-P	↪

4.3 セルイラストレータのはじめ方とモデルの編集方法

セルイラストレータを起動すると，**メインウインドウ**が表示されます（**図 4.15**）．セルイラストレータの各部位の名前は図 4.15 のようによびます．

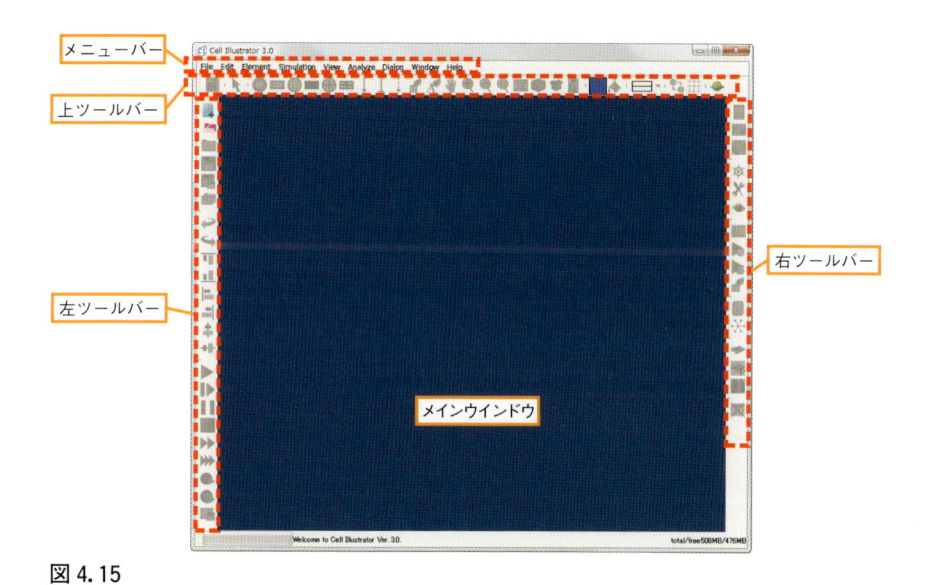

図 4.15

新規モデルを作成・編集するためには，新しく**キャンバス**を作成する必要があります．キャンバスの作成には 2 つの方法があります．

1) 左ツールバーの一番上のアイコン （マウスカーソルを重ねるとツールチップで"Create New Canvas"と表示される）のボタンを押す．
2) メニューバーで［File］→［New］を選択する．

なお，メニューバーの［File］→［Close File］，［Save］を選択することで，現在編集中のキャンバスの終了，保存を行うことができます．

4.3.1 エレメントの追加

エレメントにはエンティティ，プロセス，そしてコネクタがありました．ここでは，これらのエレメントをキャンバスに追加する方法を説明します．

4.3.1.1 エンティティとプロセスの追加

新しいエンティティとプロセスをキャンバスに追加するには，次の4つの方法があります．

1) メインウインドウの上部にある上ツールバーのセルイラストレータのエンティティとプロセスを意味する ◎，○，⊕，□，■，⊞ のアイコンを選択して，キャンバス上で選択したエレメントを置きたい位置でクリックすることでキャンバスに置くことができます．

2) キャンバス上で何もエレメントを選択していない状態で右クリックボタンを押して Insert Entity/Insert Process を選択することで，指定のエレメントをキャンバス上に配置することができます（図 4.16）．

3) メニューバーで［Edit］→［Insert Entity］，［Edit］→［Insert Process］を選択することで，指定のエレメント（Element）を配置することができます（図 4.17）．この方法で挿入される位置はキャンバスの中心となります．

4) **生物エレメント（Biological Elements）ダイアログ（Dialog）**からエレメントを選択してドラッグ＆ドロップすることでも配置できます．これについては後で詳しく紹介します．

4.3.1.2 コネクタの追加

エンティティとプロセスを接続するには，

1) メインウインドウの上部にある上ツールバーのセルイラストレータのコネクタを表す ↓，↓，または ↓ のアイコンを選択し（図 4.18），

2) キャンバス上でつなぎたいエンティティ（もしくはプロセス）を選択後（図 4.19），マウスを移動して接続先のプロセス（もしくはエンティティ）を選択します（図 4.20）．

接続できるプロセスとエンティティのタイプの組合せには一部制限があります．詳細は表 4.1 を参照してください．

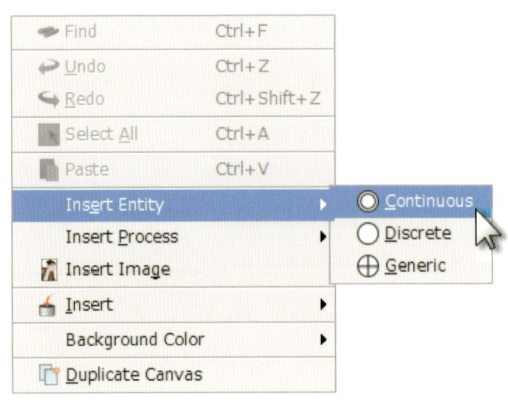

図 4.16

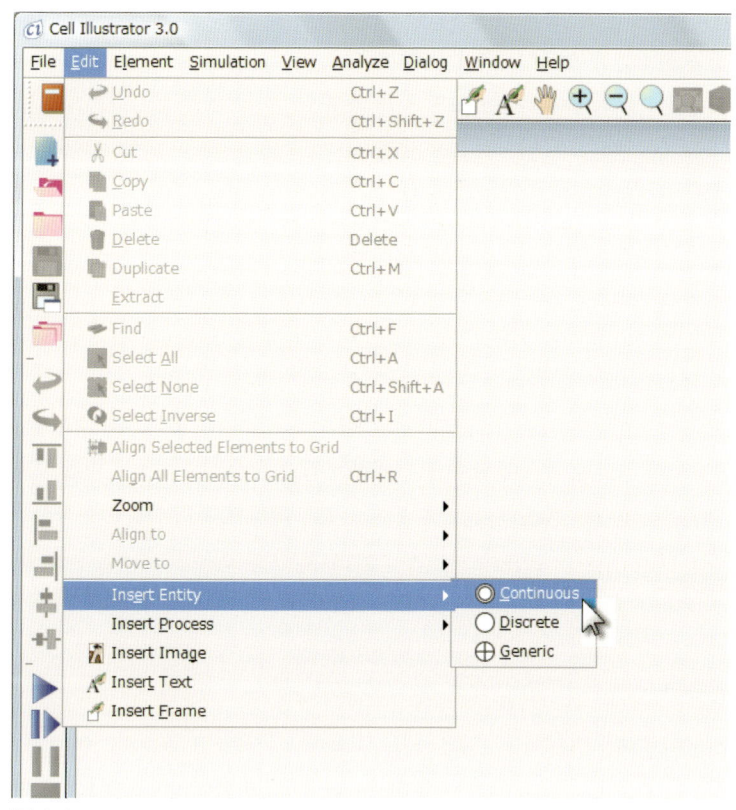

4.3 セルイラストレータのはじめ方とモデルの編集方法   **37**

図 4.17

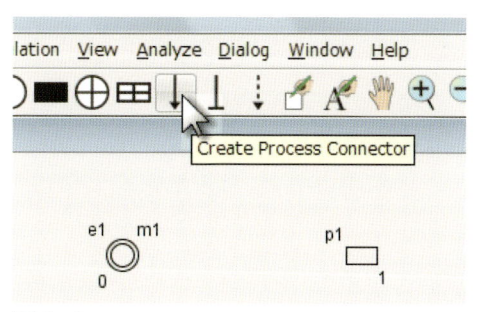

図 4.18

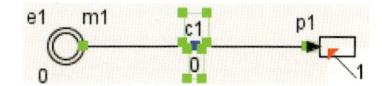

図 4.19

図 4.20

4.3.2 モデルの編集とキャンバス上の操作

ここではキャンバス上に置かれたエレメントを編集するための基本的な操作を学びます．

4.3.2.1 エレメントの編集

メインウインドウの上部にある上ツールバーの ▶ を選択することで，キャンバスがエレメント選択モードとなります．

4.3.2.2 エレメントの選択と移動

エレメント選択モードでエレメントをマウスで選択し，そのままドラッグで移動，または Shift キーを押しながらキーボードのカーソルキーで移動することができます．複数のエレメントを囲むことで，または Ctrl キーを押しながら選択することで，複数個選択することもできます．

4.3.2.3 エレメントのカット，コピー，ペースト

エレメント選択モードでエレメントをマウスで選択し，
1) 右クリックして ［Cut］，［Copy］，［Paste］ を選択する
2) メニューバーで ［Edit］ → ［Cut］，［Copy］，［Paste］ を選択する
3) キーボードで Ctrl+x，Ctrl+c，Ctrl+v を押す

のいずれかを行うことで，エレメントの**カット**，**コピー**，**ペースト**をすることができます．なお，コネクタは折り曲げることができます．たとえば，図 4.20 の場合，コネクタの c1 という表示の下にある中央の■をマウスでつかんで移動することで折り曲げることができます．

4.3.2.4 その他のキャンバス上の操作

メインウインドウの上ツールバーにあるボタンは，キャンバスのモデルの編集でよく使う操作を集めています．

- **"Edit Parts"**：再利用可能なパスウェイの部品のコレクションを表示します．
- **"Create Frame"**：キャンバスにフレーム（枠）を作成します．
- **"Create Note"**：キャンバスにコメントを作成します．
- **"Manual Move"**：キャンバス上のモデルが大きくなった場合（1 画面に入らなくなった場合）にキャンバス上で表示するモデルの範囲を移動するのに使用します．同じような操作は，**ナビゲータダイアログ**（**Navigator Dialog**）でも行うことができます．
- **"Zoom In"**：キャンバスのモデルを拡大して表示します．
- **"Zoom Out"**：キャンバスのモデルを縮小して表示します．
- **"Reset Zoom"**：キャンバスのモデルを標準の倍率に戻して表示します．
- **"Fit Selection to Canvas Size"**：選択したエレメントを中心にモデルを大きく拡大して表示し

ます．エレメントを選択していない場合は，すべてのエレメントが表示されるような縮尺で表示します．

- **"Group"**：選択した複数のエレメントを1つのグループとしてまとめます．グループ化すると，キャンバスでエレメント選択モードの場合，グループの中の1つを選択することでグループ内のすべてのエレメントが選択されます．

- **"Ungroup"**：グループ化しているエレメントをグループ化前の状態に戻します．

- **"Load Image"**：画像を読み込んでキャンバスに追加します．

- **"Set Color"**：アイコン "Select Color Tool" で，指定するエレメントの属性の色をこのアイコンで選択した色に設定します．

- **"Select Color Tool"**："Set Color" アイコンを選択したときに，選択中のエレメントのどの属性を変更するかを指定します．の場合はエレメントの内部の色，の場合はエレメントの外枠の色，の場合はエレメントのテキスト部分の内部の色となります．

- **"Set Stroke"**：選択中のエレメントの線の太さを設定します．

- **"Toggle Grid Visible Status"**：キャンバスのグリッドの表示状態を変更します．選択時にはグリッドが表示されます．

- **"Toggle Antialiasing Status"**：キャンバスの描画方式を変更します．選択時には輪郭を滑らかにするアンチエイリアスが適用されます．

- **"Go To BioPACS"**：KEGG データベースで取り扱っている代謝系のパスウェイを BioPACS を使用してセルイラストレータに読み込みます．BioPACS は KEGG の代謝系のパスウェイモデルをセルイラストレータ用に自動変換するツールです．

4.4 モデルの実行方法

モデルの作成が完了するといよいよシミュレーションすることとなります．ここでは最小限のシミュレーションの設定と実行方法を説明します．

4.4.1 シミュレーションの設定

シミュレーションの設定は，**シミュレーション設定（Simulation Settings）ダイアログ（Dialog）**（図 4.21）で行います．このダイアログは，右ツールバーの ボタンをクリックすることで表示されます．

このダイアログには次の8つの設定項目があります．

1) Sampling Interval
2) Chart Update Interval
3) Log Update Interval

4) Simulation Time

5) Continuous Weak Firing

6) Discrete Weak Firing

7) Firing Accuracy

8) Simulation Speed

通常，設定が必要となるのは，**実行時間**（**Simulation Time**）です．実行時間はシミュレーション

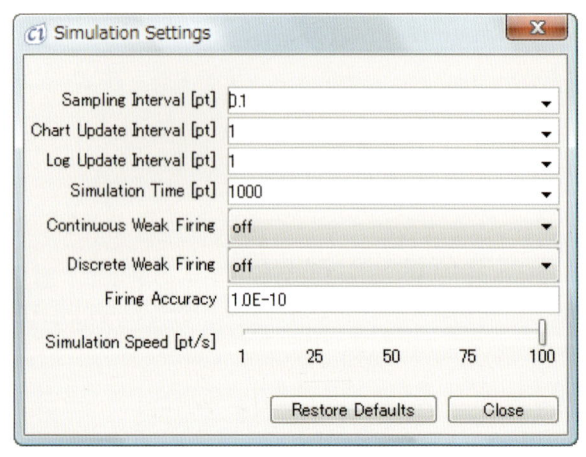

図 4. 21

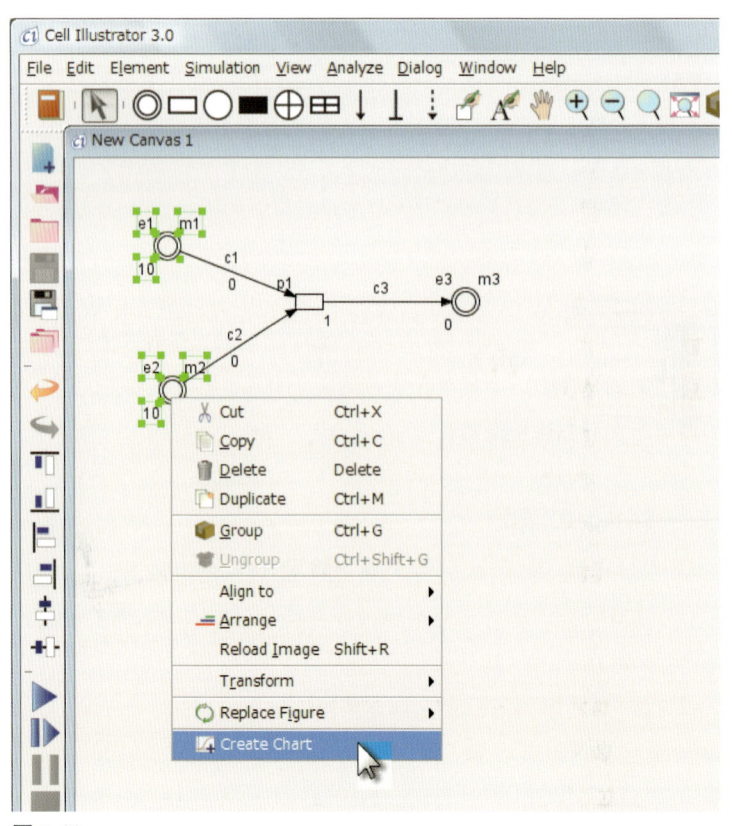

図 4. 22

するモデルの停止までの時間を設定します．たとえばこの値を 100 [pt] とした場合，0 [pt] から 100 [pt] までモデルの実行を行います．ここで，「pt」とは**ペトリネットタイム**の略で，シミュレーションにおける「秒」のような単位時間と考えてください．初期値は 1,000 [pt] となっていますが，本書で扱うモデルの場合，実行時間は 100 [pt] で十分です．

4.4.2 グラフの設定

実行を開始すると，個々のエンティティの値がシミュレーションの進行に伴って変化します．この変化をセルイラストレータではグラフに表示することができます．グラフの作成方法は何通りかありますが，ここでは一番簡単な手順を説明します．

〈**ステップ1**〉1 つのグラフに追加したいエンティティをキャンバス上で選択します．複数選択が可能です（図 4.22）．

〈**ステップ2**〉キャンバス上で右クリックして，[Create Chart] を選択します（図 4.22）．すると，図 4.23 のようにチャートが作成されます．

なおこの方法では，作成したグラフを削除できません．グラフの編集，削除などの方法は，**チャート設定（Chart Settings）ダイアログ（Dialog）**（右ツールバーの ボタン）で行います．

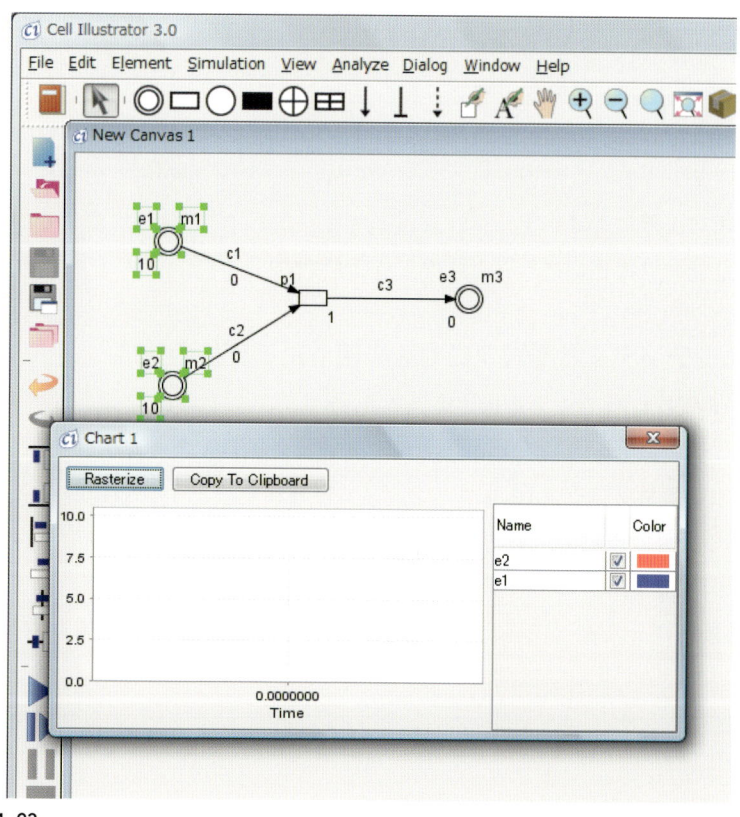

図 4.23

4.4.3 シミュレーションの実行

シミュレーションの設定，グラフの設定が完了すると（グラフの設定は必ずしも必要ありませんが）いよいよ実行となります．シミュレーションのやり方によって左ツールバーにいくつかのボタンが用意されています．▶ は通常速度の実行，⏺ はアニメーション付きの通常実行，▶▶ は早送りの実行，▶▶▶ は最速実行となります．▷ は1ステップ実行，⏺ はアニメーション付きの1ステップ実行となります．ここで通常速度とは，モデルの1［pt］をシミュレーションするのに実際の時間の1秒とする速度を意味します．最速実行の速度は実行するコンピュータに依存します．

なお，シミュレーションの実行の前に，モデルを編集したキャンバスをファイルに保存しておく必要があります．左ツールバーの"キャンバスの保存（Save Current Canvas）" 💾 や"名前を付けてキャンバスの保存（Save Canvas To Selected File）" 💾 ボタンを押し，保存してください．保存をせずに ▶ ボタンなどによって実行しようとした場合，保存を求めるダイアログが表示されますので，適当な場所に保存してください．また，シミュレーションの実行中はモデルの編集はできません．編集を行うときは ⏹ ボタンでシミュレーションを停止してください．

4.5 シミュレーション規則

セルイラストレータでは，これまで学習したようにエンティティとプロセスをキャンバスに配置し，それらの関係をコネクタで接続するだけでシミュレーションを行うことができます．この節では，シミュレーションを行う上で個々のエレメントがもつ，最小限知っておくべき属性と，それらの属性を用いてどのように計算が実行されるかを説明します．この節を理解することで，次の節からの生体内の反応のモデル化がスムーズに行えるはずです．

4.5.1 離散エンティティと離散プロセスを使ったモデルの作成

まず以下の手順で図4.24のモデルを作成します．
〈ステップ1〉3つの離散エンティティ e1，e2，e3 をキャンバスに置きます．
〈ステップ2〉1つの離散プロセス p1 をキャンバスに置きます．
〈ステップ3〉左の2つの離散エンティティ e1，e2 から離散プロセス p1 にプロセスコネクタ c1，c2 を引きます．
〈ステップ4〉離散プロセス p1 から右にある離散エンティティ e3 にプロセスコネクタ c3 を引きます．
〈ステップ5〉離散エンティティ e1，e2，e3 をすべて選択してグラフを作成します（［Create Chart］）．

モデルを描けたら，保存し，実行ボタン ▶ （または ⏺ ）を押してシミュレーションを実行します．しかし，図4.25 のように，実行してもすべてのエンティティの値は0のままで変化しません．

図 4. 24

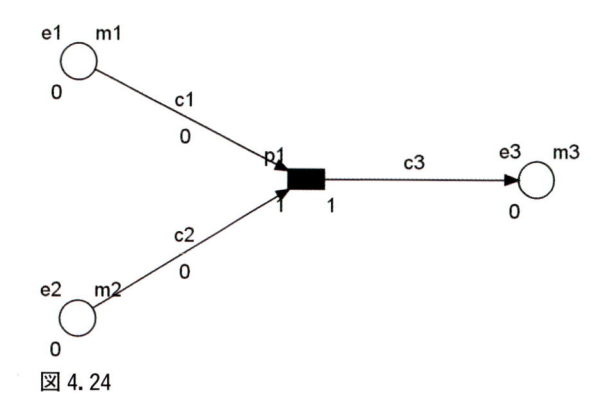

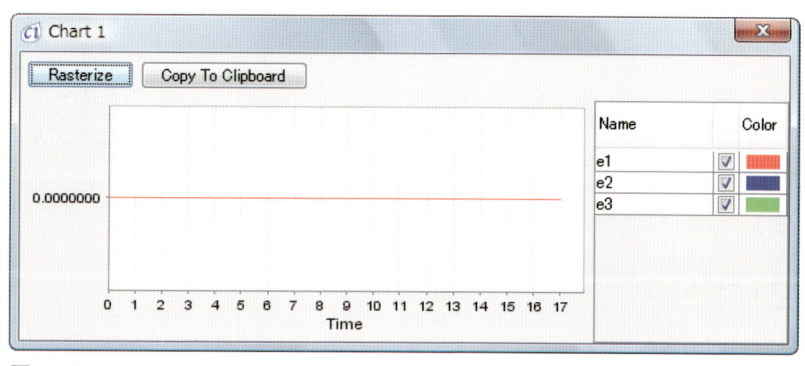

図 4. 25

4.5.1.1 初期値（Initial Value）

そこで，エンティティ e1 と e2 の**初期値（Initial Value）**を図 4.26 のように 10 に変更します．変更は，まだシミュレーション中ならば，シミュレーションをいったん ■ ボタンで停止し，それぞれの初期値（Initial Value）を 10 と入力します．そして再び実行ボタン ▶（または ●）を押すと図 4.27 のようなグラフになります．エンティティ e1 と e2 の値は 0 になり，エンティティ e3 の値は 10 [pt] まで増加しますが，それ以降は変化がありません．

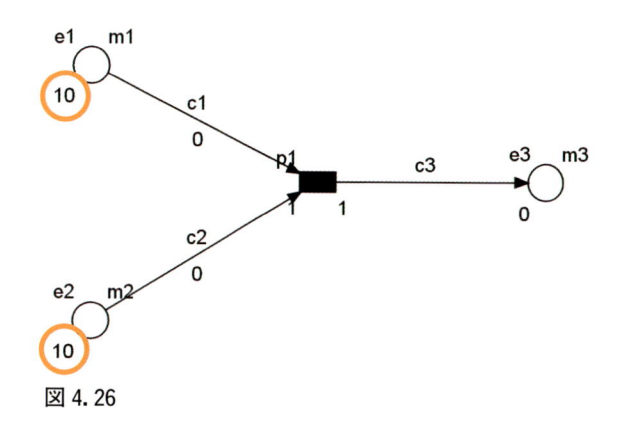

図 4. 26

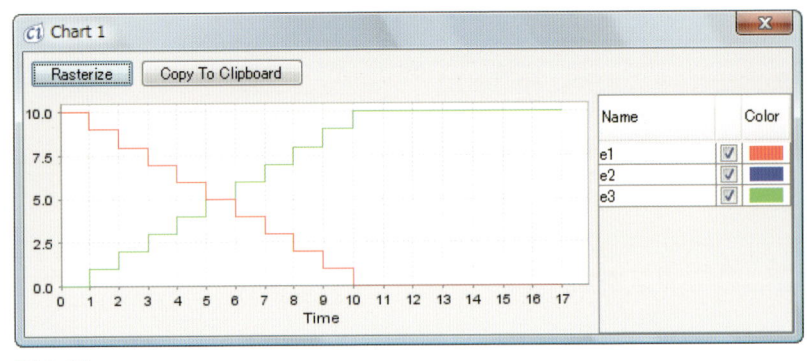

図 4.27

4.5.1.2 速度（Speed）

エンティティ e1 と e2 の値は，図 4.27 のグラフを見ると 10 [pt] のときに 0 になっています．では，プロセス p1 の **速度**（**Speed**）を 1 から 2 に変更し，実行してグラフを見てみます．すると，図 4.28 のように 5 [pt] でエンティティ e1 と e2 の値が 0 になり，エンティティ e3 の値は 10 になっています．このことからわかるように，速度は一度にどれだけ入力コネクタ c1 と c2 を通して e1 と e2 から値を減少させ，出力コネクタ c3 を通して e3 の値を増加させるかを指定する属性です．

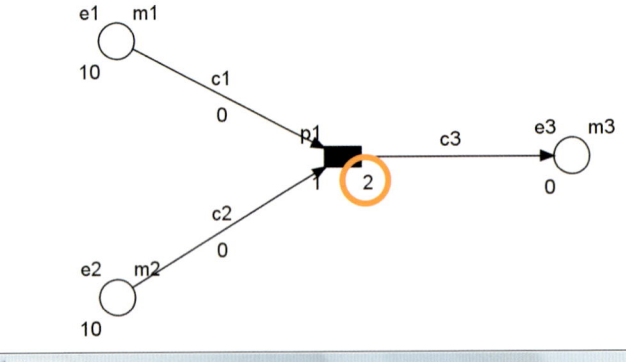

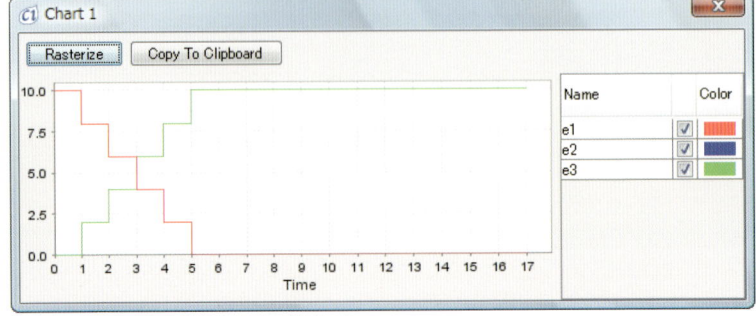

図 4.28

4.5.1.3 閾値（Threshold）とプロセスの実行条件

プロセス p1 には 2 つのエンティティ e1 と e2 から入力コネクタ c1 と c2 が接続しています．これらのコネクタの**閾値**（**Threshold**）はともに 0 になっています．次に，コネクタ c1 の閾値を 5 に変更し，実行してグラフを見てみます．すると，図 4.29 のようになります．このグラフの各エンティティの値は 3 [pt] 以降は変化しなくなっています．これはプロセス p1 が実行不可能になったためです．プロセス p1 が**実行可能**［ペトリネットの理論では**発火可能**（**firable**）とよんでいます］となるためには，次の 2 つの条件が満たされていなければなりません．

1) プロセス p1 に入力コネクタで接続されているエンティティ e1 と e2 の値がそれぞれ c1 と c2 の閾値より大きいこと．
2) エンティティ e1 と e2 の値はプロセス p1 の速度以上であること．

3 [pt] の時点では，エンティティ e1 と e2 の値は 4 であり，e2 の値は c2 の閾値 0 より大きいですが，エンティティ e1 の値は閾値の 5 より小さいため，プロセスが実行可能となる最初の条件が満たされていません．このためプロセス p1 は実行されず，プロセス p1 に接続しているエンティティの値は変化しません．

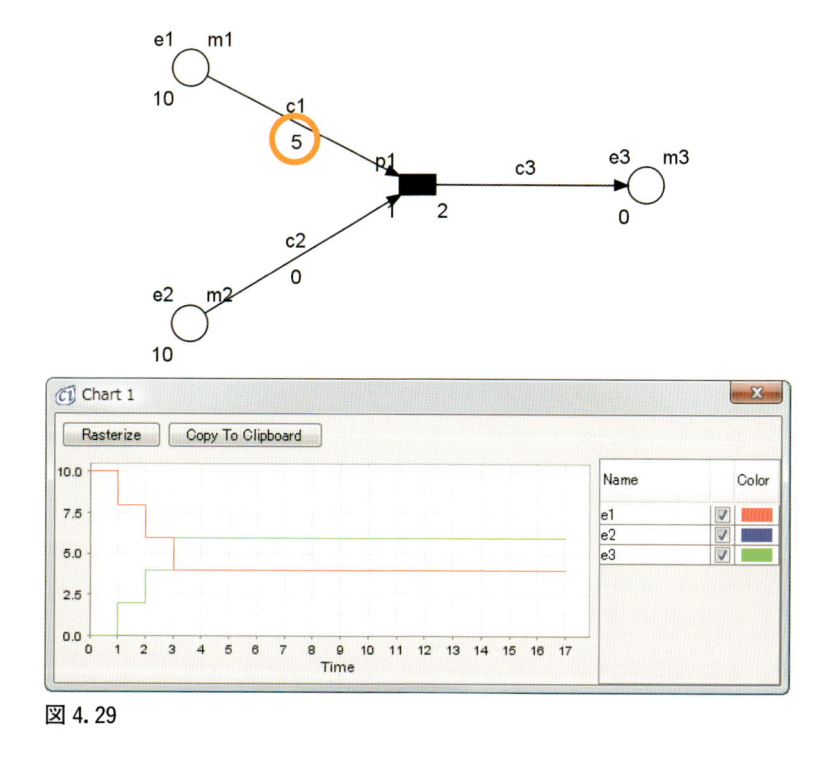

図 4.29

次に，エンティティ e2 の値を 5 に変更して，実行してみます．すると図 4.30 のように，2 [pt] の時点で"Warning"警告メッセージがでて停止してしまいます．これは 2 [pt] の時点でエンティティ e1 の値は 6 で入力コネクタ c1 の閾値 5 より大きく，エンティティ e2 の値は 1 で入力コネクタ c2 の閾値 0 より大きいので，最初の条件は満たされていますが，エンティティ e2 の値はプロセ

ス p1 の速度 2 より小さいため 2 番目の条件が満たされず，プロセスは実行可能にはならないためです．"□ Do not show this warning message for the model" にチェックを入れ，"No" のボタンを押すとこの警告は消えて，シミュレーションが再開されます．入力コネクタが 3 つ以上ある場合も同様です．一方，入力コネクタが 1 つもないプロセスは，条件を付ける対象がなくなるため，いつも実行可能となります．また，閾値は整数である必要はなく，実数でもかまいません．

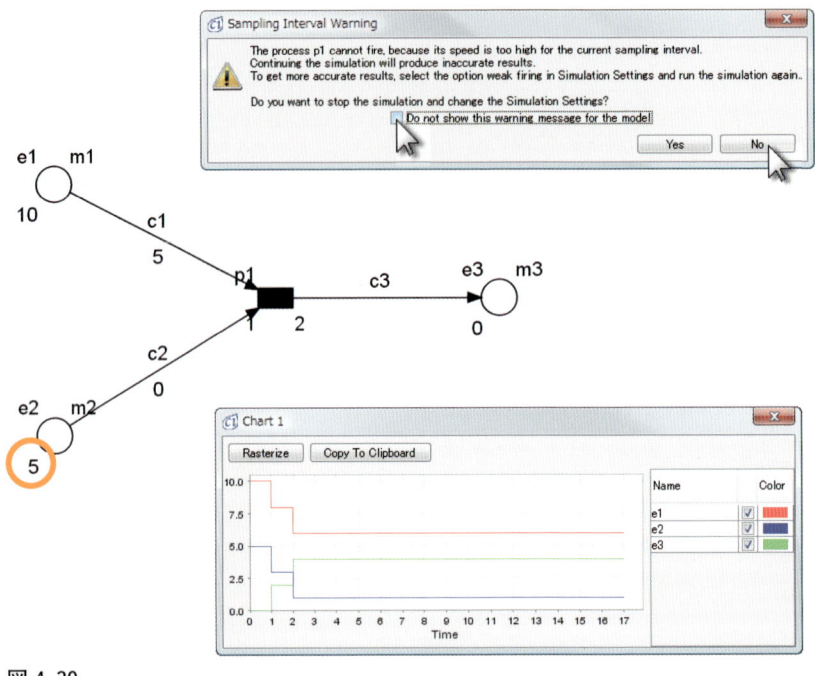

図 4.30

4.5.1.4 ディレイ（Delay）

次に，プロセス p1 の**ディレイ**（**Delay**）を 1 から 2 に変更して実行してグラフを見てみます．すると，図 4.31 のようになります．図 4.30 では 1 [pt] ごとに 2 ずつ値が減っているのに対し，図 4.31 では 2 [pt] ごとに 2 ずつ値が減っていることがわかります．図 4.31 では，2 [pt] の時点においてエンティティ e1 と e2 の値はそれぞれ 8 と 3 になっており，プロセス p1 は実行可能になっています．そして，2 [pt] 後の 4 [pt] においてエンティティの値は速度で与えられている 2 だけ減少し，6 と 1 になっています．これはプロセス p1 が実行可能になってからディレイとして与えている 2 [pt] 後にプロセスが**実行される** [ペトリネットの理論では**発火する**（**fire**）とよんでいます] からです．この例からわかるように，ディレイはプロセスが実行可能になってから実行されるまでの遅延を指定する属性です．4 [pt] の時点ではプロセス p1 は実行可能ではなくなっていますので，後の変化はありません．図 4.30 ではディレイが 1 に設定されています．そのため，プロセスが実行可能になってから 1 [pt] 後に実行され，1 [pt] ごとに値が 2 ずつ減っています．

図 4.31

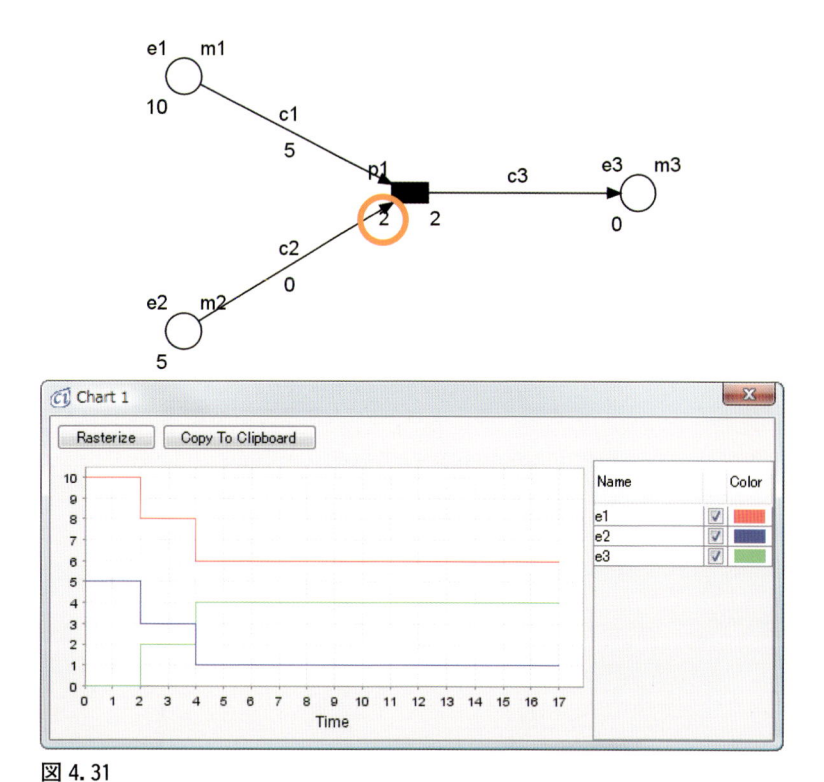

4.5.2　連続エンティティと連続プロセスを使ったモデルの作成

まず以下の手順で図 4.32 のモデルを作成します．

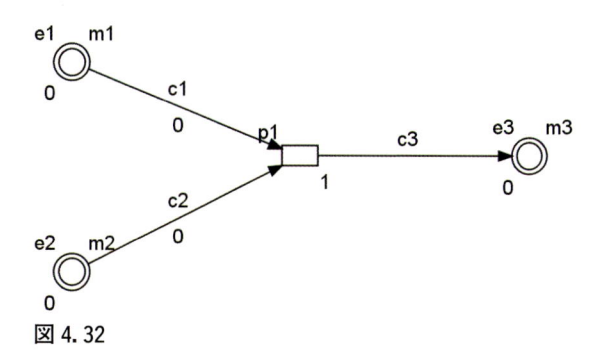

図 4.32

〈**ステップ1**〉3つの連続エンティティ e1, e2, e3 をキャンバスに置きます．
〈**ステップ2**〉1つの連続プロセス p1 をキャンバスに置きます．
〈**ステップ3**〉左の2つの連続エンティティ e1, e2 から連続プロセス p1 にプロセスコネクタを引きます．

〈ステップ4〉連続プロセス p1 から右側にある連続エンティティ e3 にプロセスコネクタを引きます．

〈ステップ5〉連続エンティティ e1, e2, e3 をすべて選択してグラフを作成します（[Create Chart]）．

4.5.2.1 初期値（Initial Value），速度（Speed），閾値（Threshold）

離散エンティティが値として整数（0, 1, 2, …）しかもつことができないことに対して，連続エンティティは実数値（1.5, 2.5, …）をもつことができます．したがって，**初期値（Initial Value）**も実数値をとることができます．ここでは e1 と e2 の初期値を 10 に変更しておきます．また，入力コネクタ c1 と c2 の**閾値（Threshold）**の値をそれぞれ 5 と 0 に設定しておきます．離散プロセスは速度とディレイの 2 つの属性をもちましたが，連続プロセスでは**速度（Speed）**の属性のみもっています．図 4.33 では，プロセス p1 の速度は 1 に設定されています．

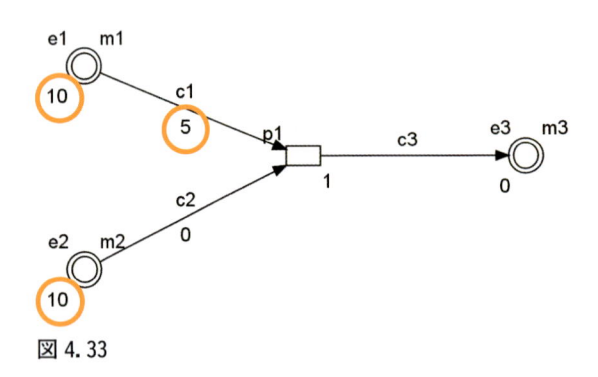

図 4.33

4.5.2.2 プロセスの実行条件

連続プロセスは，そのすべての入力コネクタについて，入力コネクタが接続しているエンティティの値がその入力コネクタの閾値より大きいならば**実行可能**です．プロセスが実行可能であるかぎり，プロセスは速度で指定された速さで各入力コネクタが接続しているエンティティの値を連続的に減らし，出力コネクタが接続している各エンティティの値を連続的に増やします（図 4.33 では出力コネクタが 1 つしかありませんが，2 つ以上あっても同じく増やされます）．図 4.33 のモデルを実行するとグラフは図 4.34 のようになります．エンティティ e1 と e2 の値は初期値 10 から速度 1 で連続的に減少し，エンティティ e3 の値は初期値 0 から速度 1 で連続的に増加していることがわかります．エンティティ e1 と e2 の値が 5 になった 5 [pt] の時点で，プロセス p1 は実行可能でなくなるため，その後の値に変化はなくなっています．離散プロセスの実行では，実行可能になった時点からディレイで指定された時間後に一度に値の変更が行われるため，図 4.29 のように，そのグラフは階段状になっていました．

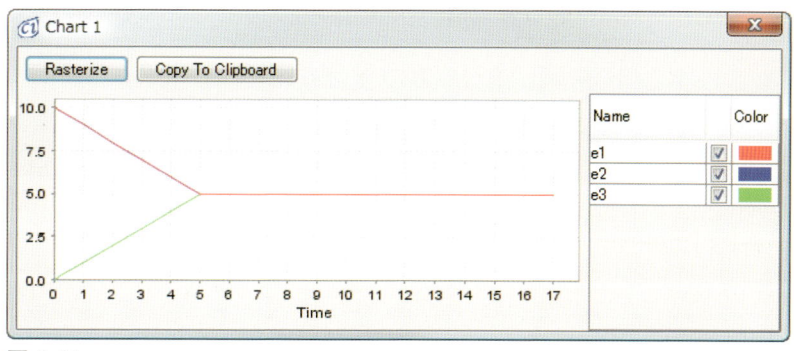

図 4.34

4.5.3　離散と連続の概念

　セルイラストレータでは，おもにエンティティとプロセスを用いて，離散的な現象と連続的な現象を混在させて表現することができます．

　離散は「0, 1, 2, …」と，整数で表現できる現象に対応します．たとえば，1 分ごとに表示が変わるデジタル時計のような数字の進み方が離散といえます．また，分子の個数などを表現するときはこの離散の概念を使うことになります．たとえば数コピーで機能をもつ mRNA を表現する場合に有効です．その他に「スイッチのオン／オフ」のようなはたらきを表現する場合にも使います．

　一方，連続は字面どおり，物質などの量が連続的に間断なく変化したり，物質が連続的に移動する場合に使用します．また，ATP など細胞内で大量に存在する分子の場合，数としてよりも量としてのほうが扱いやすくなります．離散がデジタル時計ならば，連続は針が常に時を刻むアナログ時計といえるでしょう．

　離散と連続の違いをグラフで表すと**図 4.35** ようになります．整数のみで表現する離散のグラフは階段状になります．一方，継続的な現象を表現する連続のグラフはなだらかな直線や曲線を描きます．

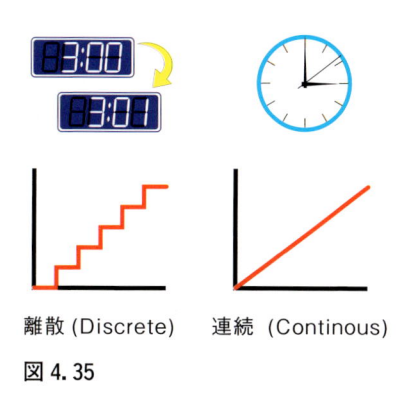

離散 (Discrete)　　連続 (Continous)

図 4.35

4.6 絵つきエレメントを用いたパスウェイのモデル化

4.2.6 項で説明したように，セルイラストレータにはmRNAやタンパク質を表す絵つき**生物エンティティ（Biological Entity）**，生体内の反応などを表す絵つき**生物プロセス（Biological Process）**などがあらかじめ用意されています．これらの絵のついたエレメントを**生物エレメント（Biological Elements）**とよぶことにします．これらの生物エレメントを用いることで，以下の手順によりモデルを簡単に作成することができます．

〈ステップ 1〉 右ツールバーの を選択します．すると図 4.36 のように**生物エレメント（Biological Elements）ダイアログ（Dialog）**が表示されます．

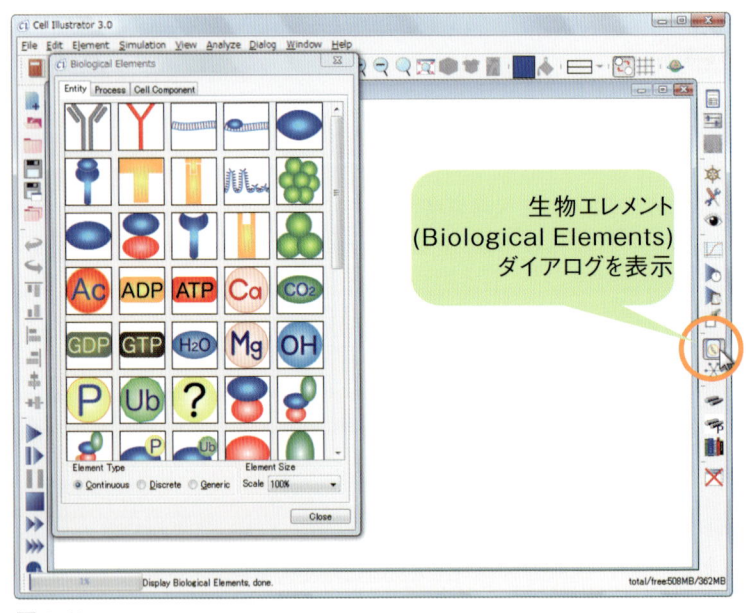

図 4.36

〈ステップ 2〉 この生物エレメントダイアログには図 4.37 のようにエンティティ（Entity），プロセス（Process），**セルコンポーネント（Cell Component）**の 3 つのタブがあります．エンティティ（Entity）とプロセス（Process）のタブの下部には，配置する絵つきの生物エレメント（Biological Element）が離散（Discrete）であるか連続（Continuous）であるなどを選択する**エレメントタイプ（Element Type）**の項目があります．セルコンポーネントは，エンティティとプロセスが存在する場所を表現したいときに用います．細胞内など，生体内のどの場所に存在しているエンティティであるか，そしてどの場所で起こっているプロセスであるかをモデルに描きたい場合に使用します．モデルを作成する上でこのような情報が必要なときは，セルコンポーネントを置き，その上にエレメントをを重ね置くことで直観的に表現ができます．

4.6 絵つきエレメントを用いたパスウェイのモデル化　51

図 4.37

⟨ステップ 3⟩ これらのタブ内のエレメントを選択してドラッグ＆ドロップすることで，図 4.38 のようにキャンバスにエレメントを追加することができます．

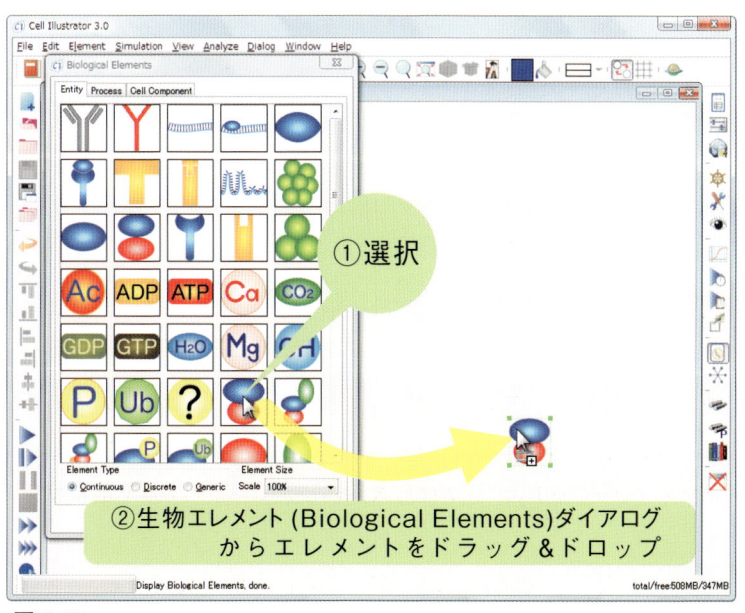

図 4.38

なお，キャンバス内のエレメントの上に選択した絵つきエレメントをドロップすることで，元のエレメントの情報（画像，オントロジー）を更新することができます．このことを知っておくと，モデルの更新作業が格段に速まります．

COLUMN 3

オントロジーと絵つきエレメント

　4.6節では絵つきエレメントという表現をし，ペトリネットのエレメントに生物学的な絵を追加したという簡単な説明をしました．実をいうと，生物エレメントダイアログのすべての絵つきエレメントは，生物学的な用語があらかじめ割り当てられています．セルイラストレータでは，生物学的な用語とそれらの厳密な関係を定義している Cell System Ontology（CSO）というオントロジーを利用しています．このオントロジーの機能により，ユーザはとくに意識することなく情報の共有，再利用，モデルの整合性のチェックなどの機能をもつパスウェイモデルを作成していることになるのです．

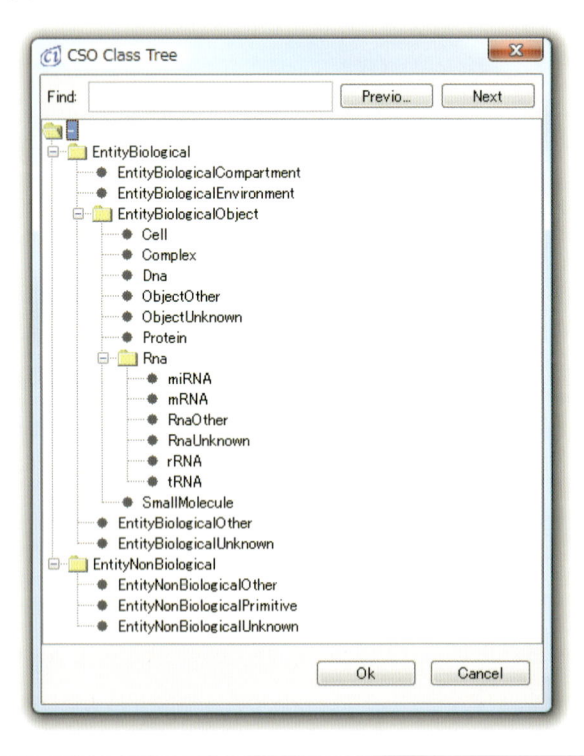

4.7　セルイラストレータによるパスウェイのモデル作り

　この節では，セルイラストレータを用いて生体内でよく知られている反応をモデル化します．これらの例を通してセルイラストレータ上でどのようにパスウェイをモデル化していけばよいか学ぶことができます．なお，今回のモデルではとくに断りのないかぎりエンティティとプロセスは連続なものを使用しています．

4.7.1 デグラデーション（Degradation）

生体内では，mRNA や タンパク質 が自然に崩壊し減少します．このような反応をデグラデーション（**Degradation**）とよびます．この反応は次のような手順で作成することができます．

〈ステップ 1〉 エンティティ をキャンバス上に置きます．エンティティの名前（Name）と初期値（Initial Value）を適切に設定します．たとえば，（名前，初期値）=（p53，100）とします．

〈ステップ 2〉 デグラデーションのプロセス をキャンバスに置きます．

〈ステップ 3〉 エンティティ p53 とプロセス degradation をプロセスコネクタ で接続します．

〈ステップ 4〉 崩壊速度をプロセス degradation の速度（Speed）の属性を変更することで指定します．通常の値は 1 となります．

以上で図 4.39 のモデルが作成できます．

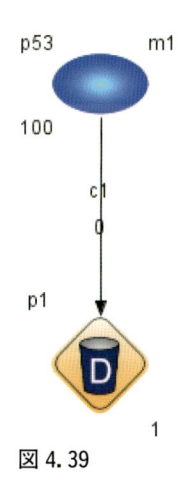

図 4.39

p53 についてのグラフを作成しこのモデルを実行した結果は，図 4.40 のようになります．

上の図 4.39 のモデルでは，p53 の崩壊速度は p53 の量に依存せず一定でした．さらにもっともらしく p53 の量に依存した崩壊へ変更する場合には，デグラデーションのプロセス の速度の値を"m1/10"のようにエンティティ p53 に対応する変数 m1 を使用して表現します（図 4.41）．このモデルを実行した結果は図 4.42 のようになります．

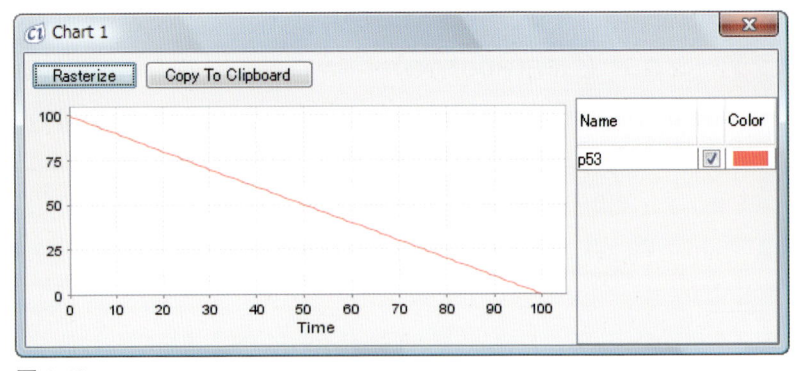

図 4.40

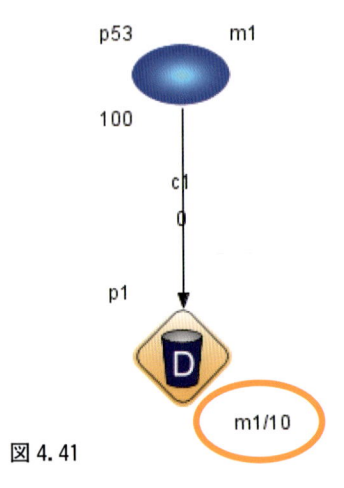

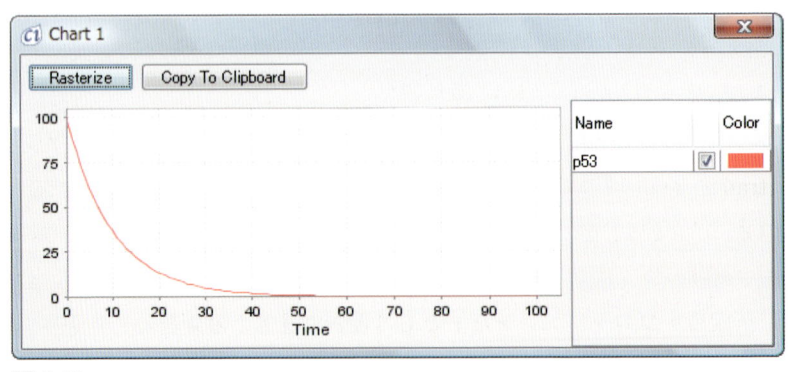

図 4.41

図 4.42

4.7.2 移行 (Translocation)

　生体内では，mRNAやタンパク質は細胞質から核，核からゴルジ体などいろいろな場所に移行します．このような場合は次のような手順でモデルすることができます．
〈ステップ1〉一般的な細胞のセルコンポーネント（Cell Component）のセットを配置するために，上ツールバーの"Edit Parts"　を押し［cells］→［animal_cell_nucleus］を選択し

ます（図 4.43）．生物エレメント（Biological Elements）ダイアログ（Dialog）のセルコンポーネント（Cell Component）タブから細胞の部品を 1 つずつ選び置く操作でもかまいませんが，よく用いるセットは ▨ に用意されているため，これを使用しています．

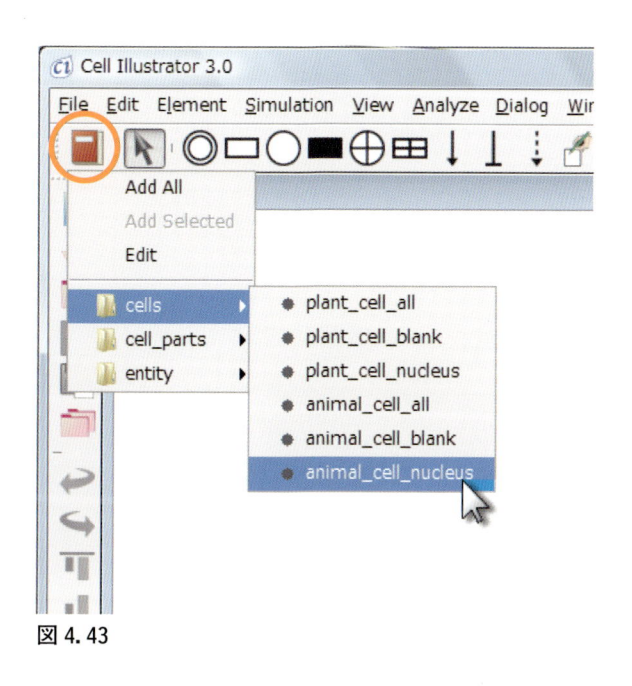

図 4.43

〈ステップ 2〉エンティティ ● を細胞質（cytoplasm）と核内（nucleoplasm）にそれぞれ置き，適切な名前を設定します．たとえば，「細胞質の p53（p53_cytoplasm）」，「核内の p53（p53_nuclear）」のように設定します．また，それらの初期値を設定します．たとえば，細胞質の p53 を 100，核内の p53 を 0 とします．

〈ステップ 3〉プロセス ◆ を核膜のあたりに置き，適切な名前を設定します．たとえば，「移行（translocation）」とします．さらに，細胞質の p53 ● からプロセス ◆ にプロセスコネクタ c1 を引き，またプロセス ◆ から核内の p53 ● にプロセスコネクタ c2 を引きます．

〈ステップ 4〉移行速度をプロセスの「速度」として設定します．初期値は 1 となっています．

このモデルは，図 4.44 のようになります．

核内の p53 ● と細胞質の p53 ● についてのグラフを作成し，このモデルを実行した結果は図 4.45 のようになります．

前の例のように，もし移行速度が細胞質内の p53 に依存する場合には，プロセス ◆ の速度の設定をたとえば "m1/10" のように設定します（図 4.46）．

このモデルを実行した結果は図 4.47 のようになります．

なお，〈ステップ 1〉と〈ステップ 2〉で使用したエンティティとプロセスのタイプの組合せは，接続ルールから，(核内の p53, 移行プロセス, 細胞質の p53) ＝ (離散, 離散, 離散), (離散,

離散，連続），（連続，離散，離散），（連続，離散，連続），（連続，連続，連続）が可能です．

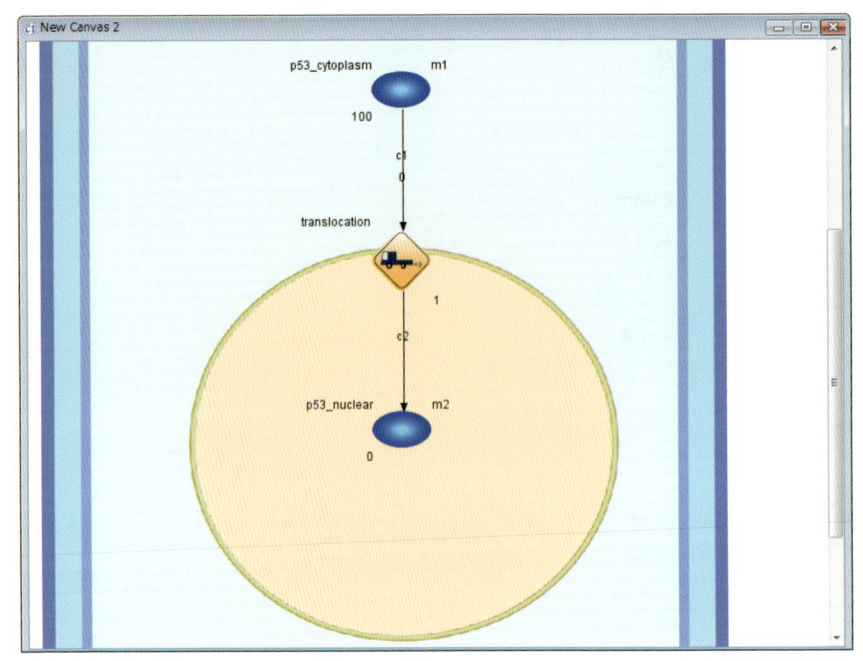

図 4.44

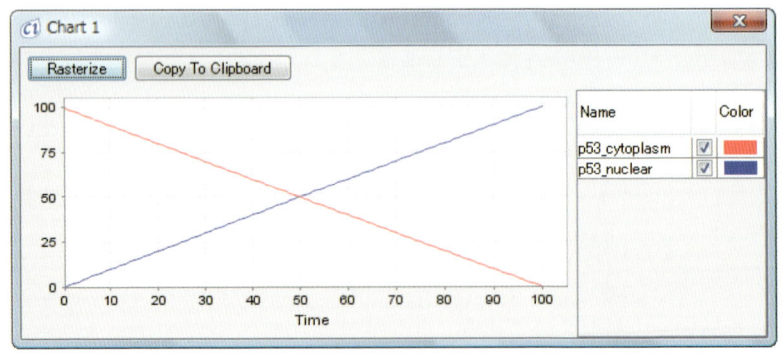

図 4.45

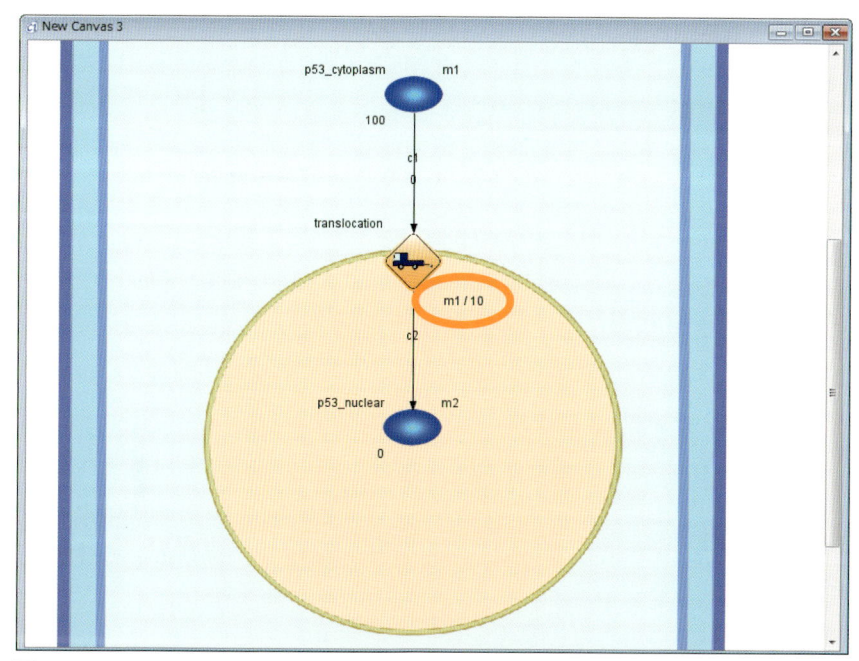

図 4.46

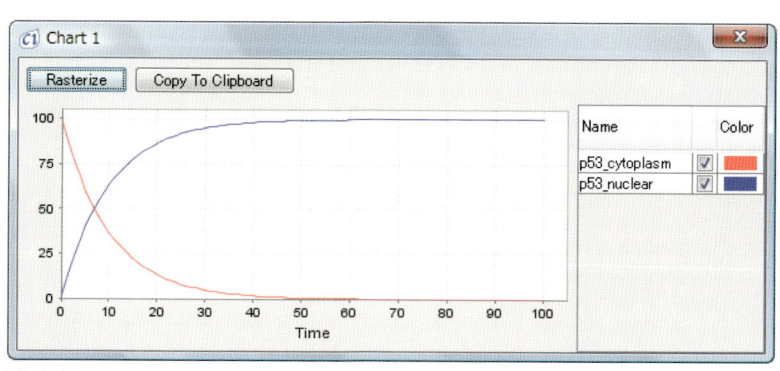

図 4.47

4.7.3 転写（Transcription）

「mRNA が作られる」という転写のモデルは，セルイラストレータでは以下の手順でモデル化できます．

⟨ステップ1⟩ セルコンポーネントを配置するために，上ツールバーの"Edit Parts" ▯ を押し [cells] → [animal_cell_nucleus] を選択します．この操作によって適切なセルコンポーネントがキャンバスにおかれます．

⟨ステップ2⟩ プロセス transcription ◆ をキャンバス上に置き，「名前」を適切な名前に設定します．たとえば「転写 (transcription)」とします．

⟨ステップ3⟩ エンティティ 〰 をキャンバス上に置き，「名前」を適切な名前に設定します．たとえば「p53 の mRNA (mRNA_p53)」とします．

⟨ステップ4⟩ プロセス transcription ◆ からエンティティ mRNA_p53 〰 にプロセスコネクタを引きます．

⟨ステップ5⟩ 転写の速度をプロセス transcription ◆ の「速度」の属性として設定します．通常の値は1となります．

その結果，図 4.48 のようなモデルができます．

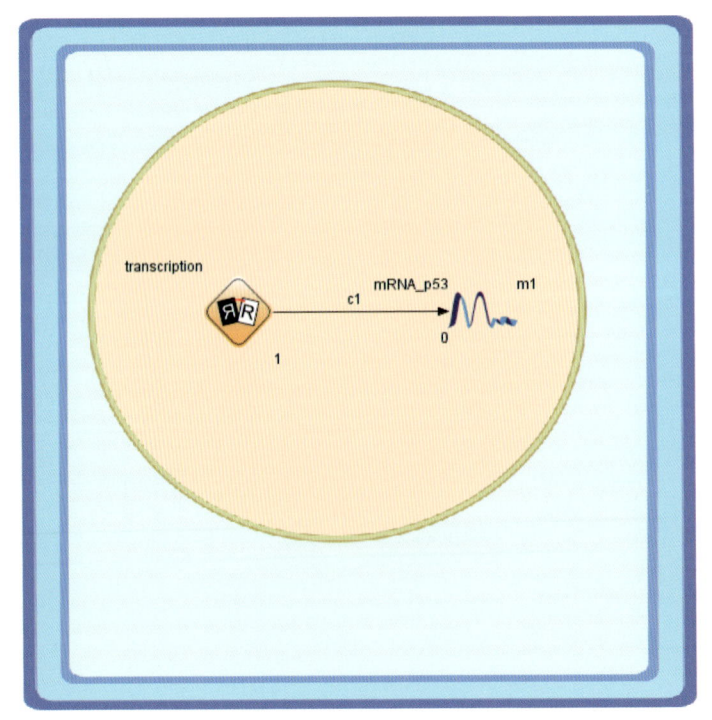

図 4.48

このモデルの mRNA_p53 についてのグラフを作成し，シミュレーションを実行した結果は図 4.49 のようになります．

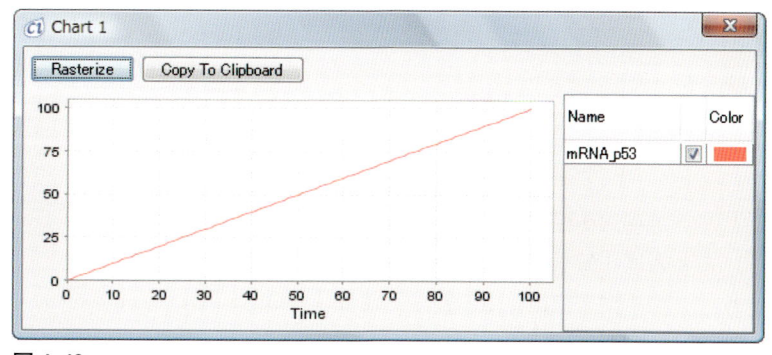

図 4.49

なお，〈ステップ 1〉と〈ステップ 2〉のエンティティとプロセスのタイプは接続ルールから (transcription, mRNA_p53) = (離散, 離散)，(離散, 連続)，(連続, 連続) の組合せが可能です．

通常，生体内では，mRNA の合成と同時にその mRNA の崩壊も起こっています．図 4.50 のモデルでは 4.7.1 項のデグラデーションのモデルを上の転写のモデルに組み合わせています．

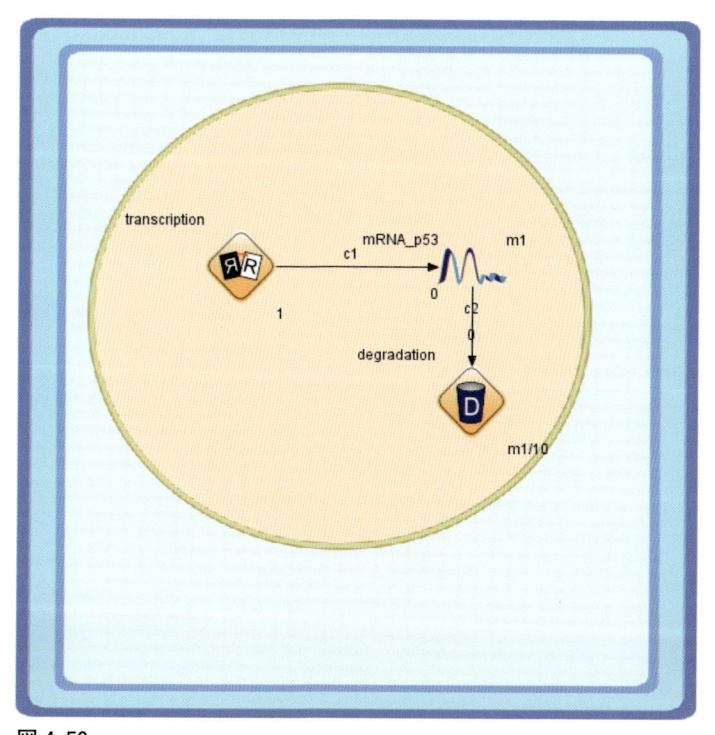

図 4.50

このモデルを実行した結果は図 4.51 のようになります．

この転写のモデルでは，mRNA の生成された量をモデル化していますが，汎用エンティティと

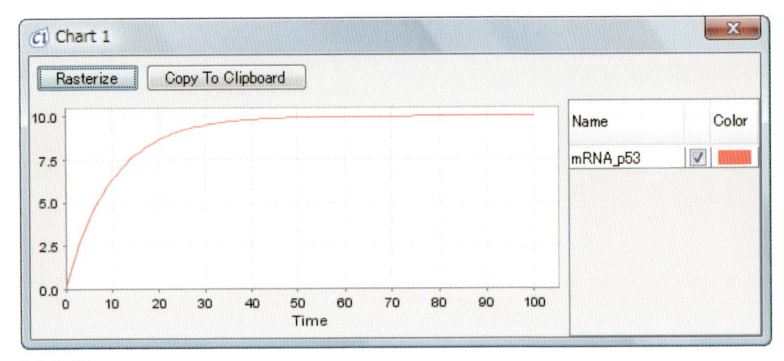

図 4.51

汎用プロセスを使用することで，転写中の状態をモデル化することもできます．本章の終わりの「COLUMN 5 汎用エレメントの使い方」にその一端を述べていますが，本書の範囲を越えますのでこれ以上は立ち入りません．

4.7.4 結合（Binding）

生体内では，複数のタンパク質が結合して複合体を形成します．このような事象は次のような手順で作成することができます．

〈ステップ1〉 3つのエンティティ ●, ●, ● をキャンバス上に置きます．エンティティの名前と初期値を適切に設定します．たとえば（名前，初期値）=（p53, 100），（mdm2, 50），（p53_mdm2, 0）とします．

〈ステップ2〉 プロセス ◆ をキャンバス上に置きます．プロセスの名前を適切に設定します．たとえば「結合（binding）」とします．

〈ステップ3〉 エンティティ p53 ● とエンティティ mdm2 ● をそれぞれプロセス binding ◆ にプロセスコネクタで接続します．さらに，プロセス binding ◆ からエンティティ p53_mdm2 ● にプロセスコネクタを接続します．

〈ステップ4〉 結合速度をプロセス binding ◆ の「速度」属性として設定します．通常の値は 1 となります．

その結果，図 4.52 のようになります．

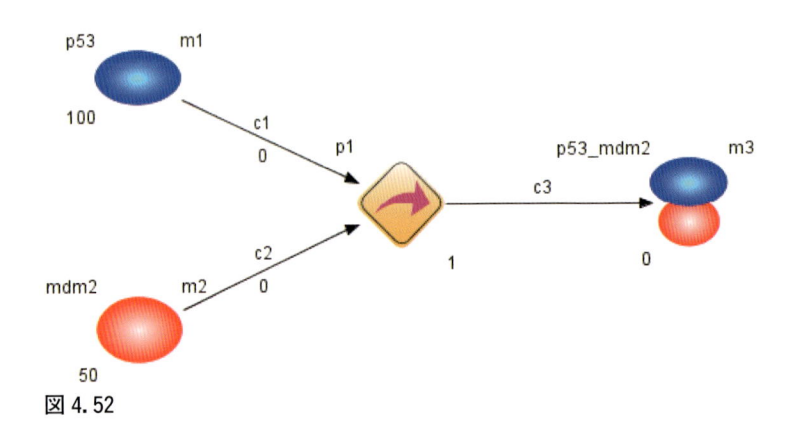

図 4.52

このモデルのすべてのエンティティについてグラフを作成し，シミュレーションを実行した結果は図 4.53 のようになります．

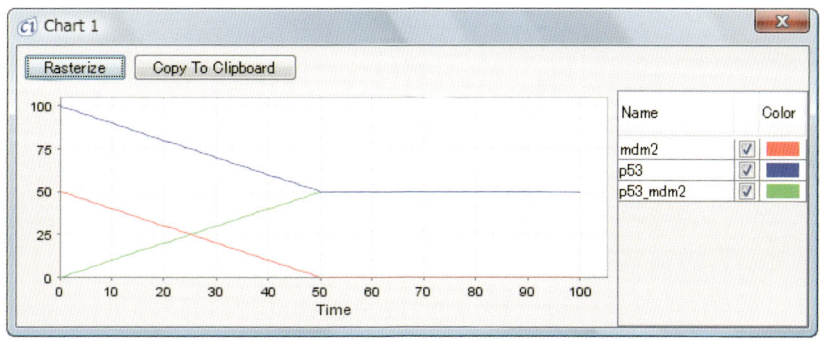

図 4.53

もしも結合速度がエンティティ p53 ●（変数 m1 とする）とエンティティ mdm2 ●（変数 m2 とする）の値に依存している場合は，結合速度をたとえば，(m1∗m2)/300（300 は適当な定数）などのように設定することができます．このときモデルは図 4.54 のようになり，このモデルを実行した結果は図 4.55 のようになります．

なお，〈ステップ 1〉と〈ステップ 2〉では離散と連続について 9 パターンのエンティティとプロセスのタイプの組合せが可能です．

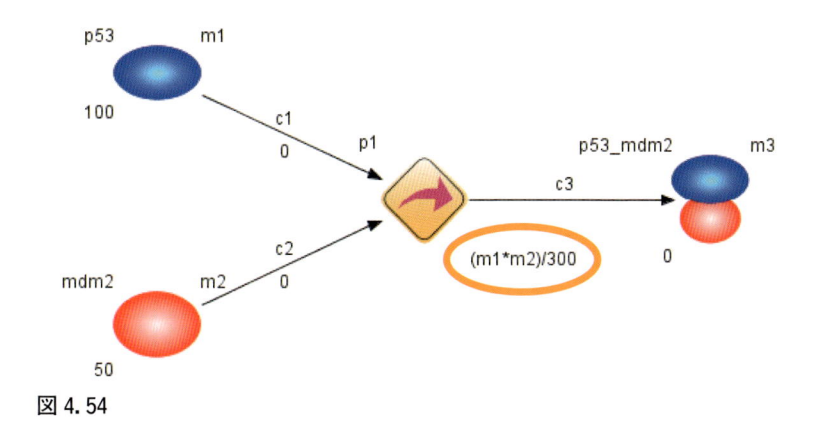

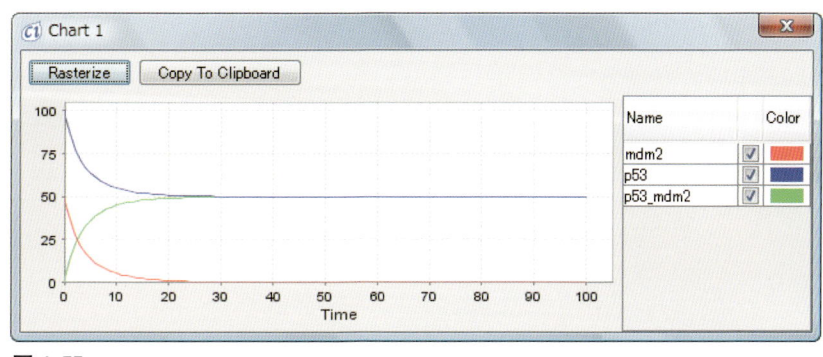

図 4.54

図 4.55

4.7.5 解離（Dissociation）

生体内では，結合することでできた複合体はしばしば，また個々のタンパク質に解離します．このようなモデルは次のような手順で作成することができます．

〈ステップ1〉 3つのエンティティ ●，●，● をキャンバス上に置きます．エンティティの名前，初期値を適切に設定します．たとえば，(名前，初期値) = (p53, 50)，(mdm2, 0)，(p53_mdm2, 50) とします．

〈ステップ2〉 プロセス ◆ をキャンバス上に置きます．プロセスの名前を適切に設定します．たとえば「解離（dissociation）」とします．

〈ステップ3〉 エンティティ p53_mdm2 ● からプロセス ◆ にプロセスコネクタを接続します．さらに，プロセス ◆ からエンティティ p53 ● とエンティティ mdm2 ● にプロセスコネクタを接続します．

〈ステップ4〉 解離速度をプロセス dissociation ◆ の「速度」属性として設定します．通常の値は1となります．

その結果，図 4.56 のようになります．

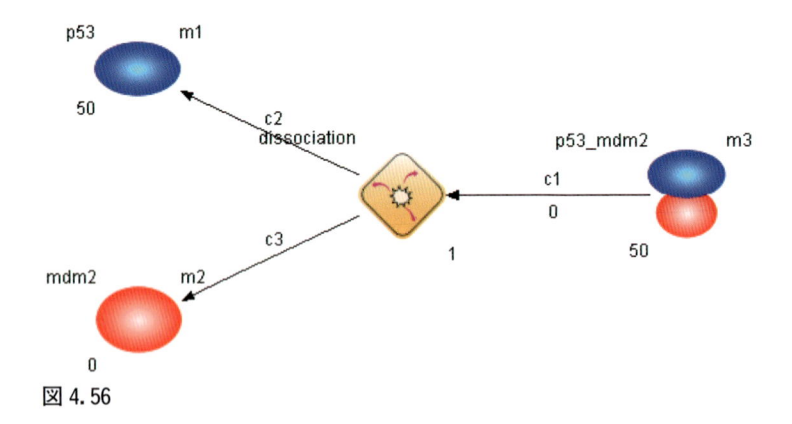

図 4.56

このモデルのすべてのエンティティについてグラフを作成し，シミュレーションを実行した結果は図 4.57 のようになります．

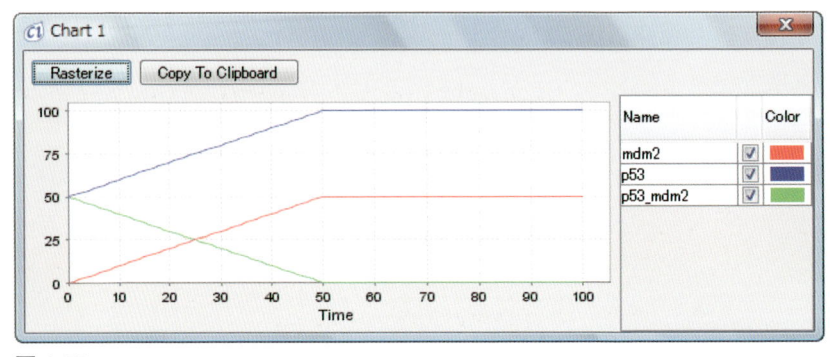

図 4.57

もしも解離の速度が複合体 p53_mdm2（変数を m3 とします）に依存しているのであれば，結合速度をたとえば m3/20（20 は適当な定数）などのように設定することができます．このときモデルは図 4.58 のようになり，このモデルを実行した結果は図 4.59 のようになります．

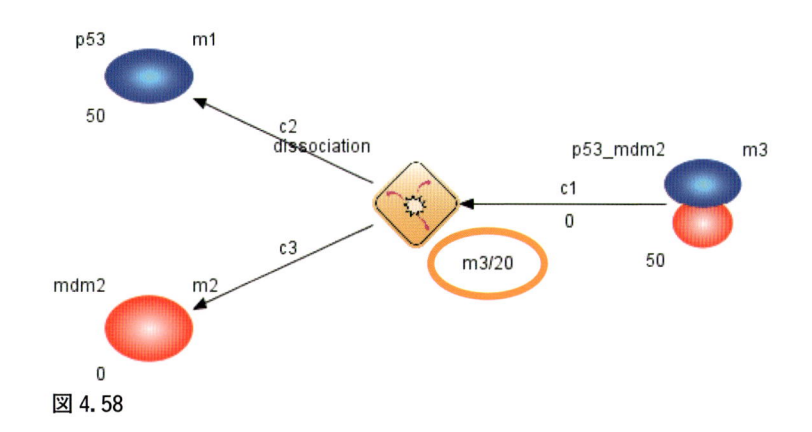

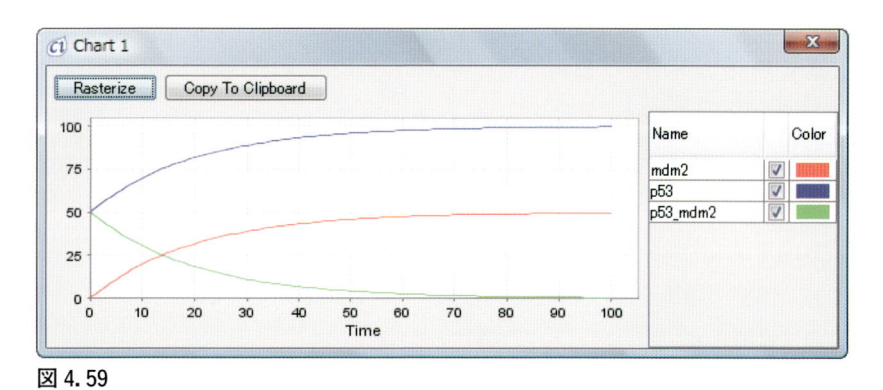

図 4.58

図 4.59

前回の結合のモデルと同様，〈ステップ 1〉と〈ステップ 2〉では 9 パターンのエンティティとプロセスのタイプの組合せが可能です．

なお，エンティティとプロセスのタイプが離散の場合には，解離の速度が複合体 p53_mdm2 に厳密に依存しているモデルを完全に再現することはできないので注意が必要です．

4.7.6 抑制（Inhibition）

ここまでのすべてのモデルで使用したコネクタのタイプはプロセスコネクタだけでした．この例では残りの 2 つのタイプのコネクタのうち**抑止コネクタ（Inhibitory Connector）**を使用するモデルを説明します．

生体内では，特殊な薬剤を適用することで，転写反応を抑制することができます．4.7.3 項で作成した転写反応のモデルに，以下の手順を適用することでこの情報を追加することができます．

〈ステップ 1〉エンティティ ◎ をキャンバス上に追加します．エンティティの「名前」を適切に設定します．たとえば「doxorubicin」とします．

〈ステップ 2〉プロセス □ をキャンバス上に追加し，このプロセスからエンティティ doxorubicin

◎にプロセスコネクタを接続します．

〈ステップ3〉エンティティ doxorubicin ◎ からプロセス transcription に抑止コネクタ ⊥ を引きます．抑止コネクタの「閾値（Threshold）」属性の通常の値は0となります．

〈ステップ4〉プロセス transcription からエンティティ mRNA にプロセスコネクタを接続します．

その結果，図 4.60 のようになります．

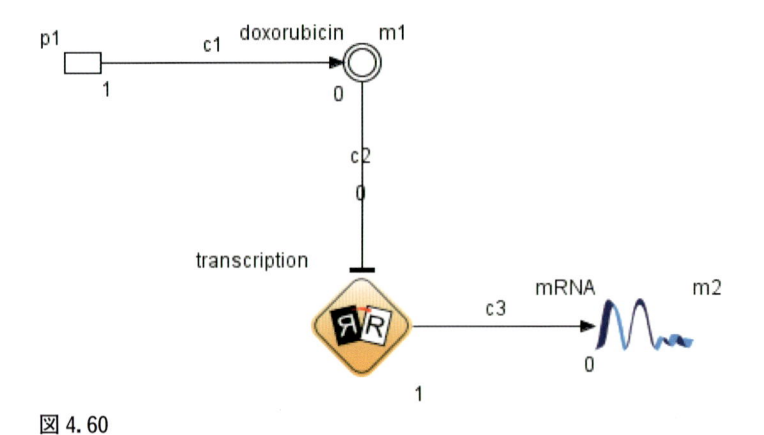

図 4.60

抑止コネクタの特性は接続されたプロセスの実行を抑制するはたらきがあります．接続されたプロセスを抑制するかどうかは接続元のエンティティと抑止コネクタの閾値の値の比較によって行われ，エンティティの値が閾値より大きい場合に抑制がはたらきます．

今回のモデルでは図 4.60 のようにエンティティ doxorubicin ◎ の初期値は0ですので，実行開始直後は転写のプロセス が実行されますが，開始後はエンティティ doxorubicin ◎ の値が0より大きくなるため，転写のプロセス は図 4.61 のようにただちに抑制されることとなります．

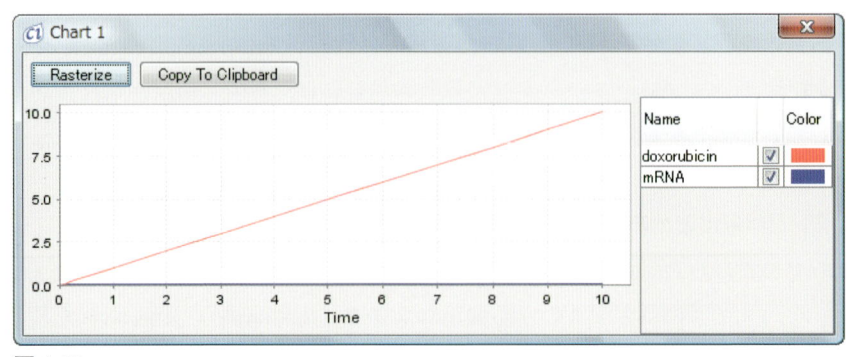

図 4.61

薬剤の強さは抑止コネクタの閾値を設定することで表現することができます．たとえば閾値を0から5に変更した場合（図 4.62），その薬剤の効果は値が5以上にならないと効かないことになりますので，弱い薬剤ということとなります（図 4.63）．

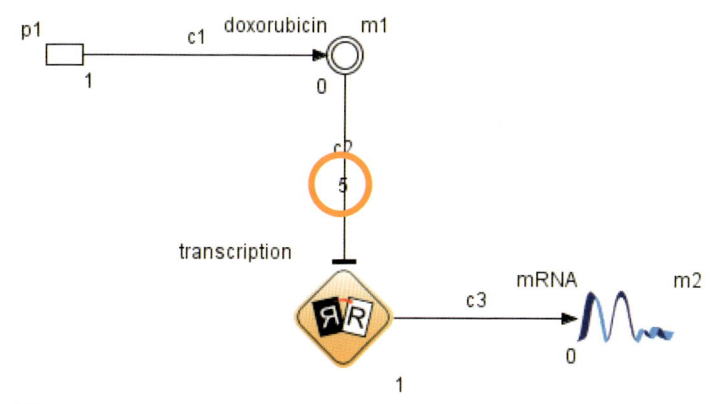

図 4.62

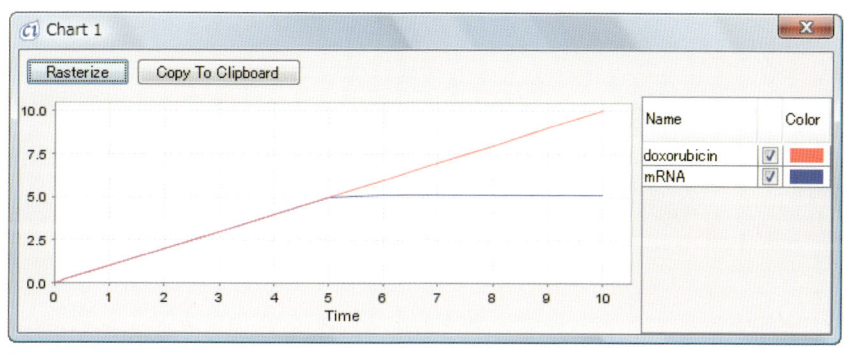

図 4.63

なお，〈ステップ1〉と〈ステップ3〉で追加した，プロセスとエンティティ doxorubicine ◎ の組合せは（離散，離散），（離散，連続），（連続，連続）が可能です．

4.7.7 酵素（Enzyme）反応によるリン酸化（Phosphorylation）

この例では最後のタイプのコネクタである**補助コネクタ（Association Connector）**を使用するモデルを説明します．

酵素反応は生体内で重要な事象の一つです．酵素反応では酵素自身の量的変化はありませんが，対象とする反応を促進するはたらきをもちます．このようなモデルは，セルイラストレータでは補助コネクタを使用することで簡単にモデル化することができます．ここではリン酸化の反応が酵素によって促進されるモデルを作成します．

〈ステップ1〉 2つのエンティティ ●，●をキャンバス上に置きます．エンティティの名前，初期値を適切に設定します．たとえば，（名前，初期値）=（p53，10），（p53 |p|，0）とします．

〈ステップ2〉 プロセス ◆をキャンバス上に置きます．プロセスの「名前」を適切に設定します．たとえば「リン酸化（phosphorylation）」とします．そして，エンティティ p53 ● からプロセス phosphorylation ◆，さらにこの ◆ からエンティティ p53 |p| ● までをプロセスコネクタでつなぎます．

〈ステップ 3〉酵素反応の速度をプロセス phosphorylation ⬥P の速度の属性を変更することで指定します．通常の値は 1 となります．

〈ステップ 4〉さらにエンティティ ⬭ をキャンバス上に追加し，その名前を設定します．たとえば「CAK」とします．

〈ステップ 5〉プロセス translation 📚 をキャンバス上に追加し，このプロセス 📚 からエンティティ CAK ⬭ にプロセスコネクタを引きます．

〈ステップ 6〉エンティティ CAK ⬭ からプロセス phosphorylation ⬥P に補助コネクタ ⋮ を引きます．

〈ステップ 7〉補助コネクタを引くと自動的に 0 の閾値が入ります．補助コネクタの閾値は 0 のまま利用する場合もありますが，ここでは閾値の役割を説明するために 1 に設定します．

その結果，図 4.64 のモデルができます．

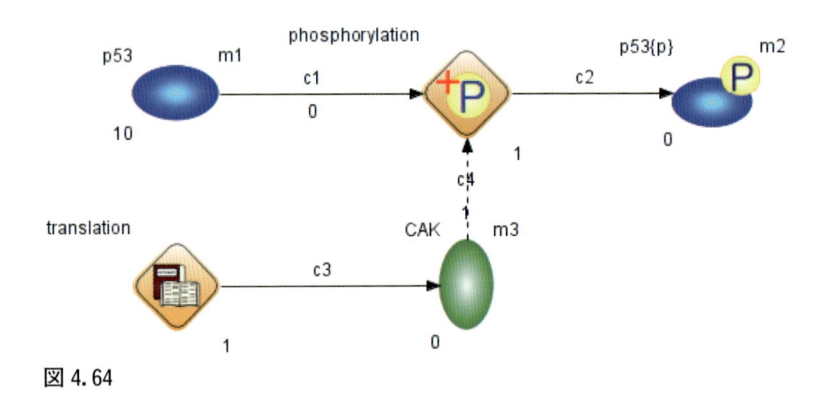

図 4.64

補助コネクタの特性は接続されたプロセスの実行を促進するはたらきがあります．接続されたプロセスを促進するかどうかは接続元のエンティティの値と補助コネクタの閾値の値の比較によって行われ，エンティティの値が閾値より大きい場合に接続先のプロセスが実行可能となります．ここまではプロセスコネクタと同じですが，補助コネクタの接続元のエンティティ（ここでは CAK ⬭）の接続先のプロセスが実行（ここでは phosphorylation ⬥P）されてもその値に変化は起こらないという点がプロセスコネクタで接続した場合と異なります．生体内の酵素反応では酵素自身は変化しませんので，補助コネクタを通常使用することとなります（このモデルでは CAK ⬭ が酵素の役割をしています）．

このモデルのすべてのエンティティのグラフを作成し，シミュレーションを実行した結果は図 4.65 のようになります．

今回のモデルでは図 4.64 のようにエンティティ CAK ⬭ の初期値は 0 ですので，補助コネクタ ⋮ の閾値より値が小さいため，実行開始直後は接続先のプロセスであるリン酸化のプロセス ⬥P が実行されませんが，開始後すぐにエンティティ CAK ⬭ の値が 1 より大きくなり補助コネクタ ⋮ の閾値をこえるため，リン酸化のプロセス ⬥P は実行されることとなります．

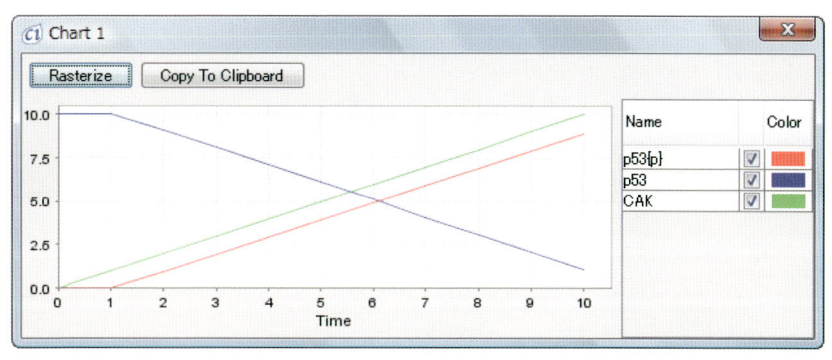

図 4.65

　酵素の強さは補助コネクタの閾値を設定することで表現することができます．たとえば閾値を 1 から 5 に変更した場合（図 4.66），その酵素の効果は値が 5 以上にならないと効かないことになりますので，弱い酵素ということとなります（図 4.67）．

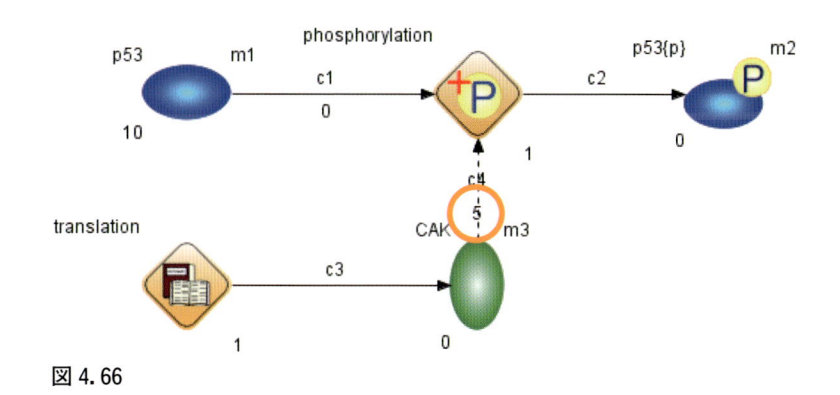

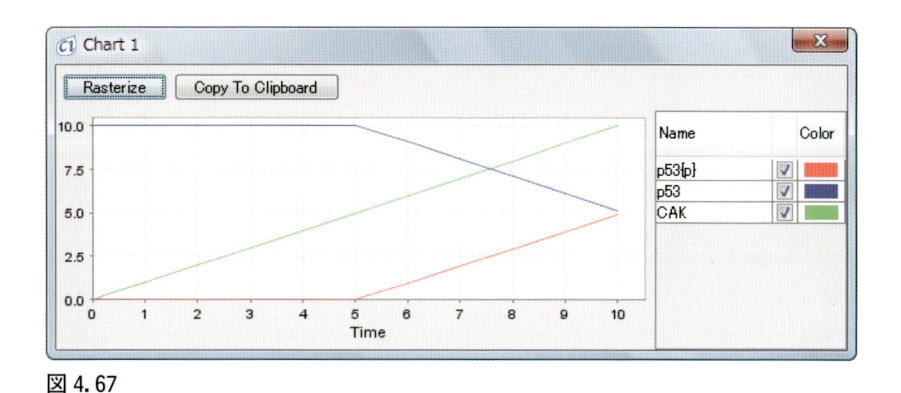

図 4.66

図 4.67

　実際の生体内においての酵素によるリン酸化の速度は，酵素の量（m3）と基質の量（m1）に依存します．このような場合には，リン酸化の速度を，たとえば，(m1*m3)/10（10 は適当な定数）などのように設定することができます．すべてのエレメントのタイプを連続にした場合の一般化酵素反応のモデルは図 4.68 のようになります．

図 4.68

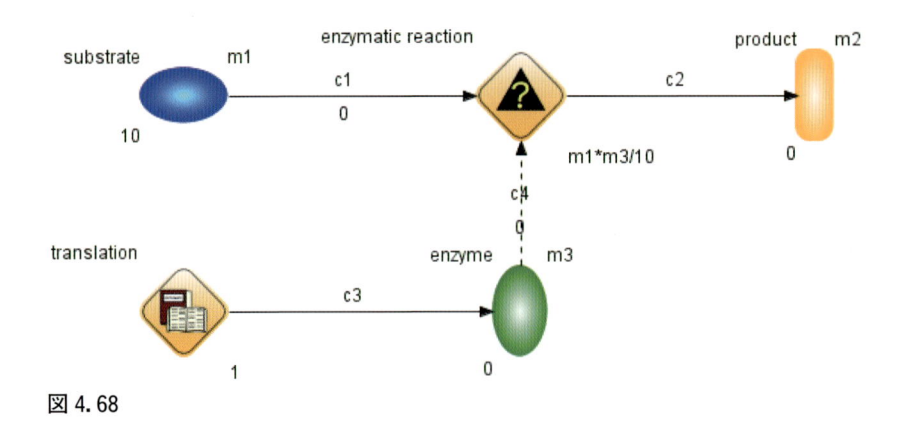

このモデルを実行した結果は図 4.69 のようになります．

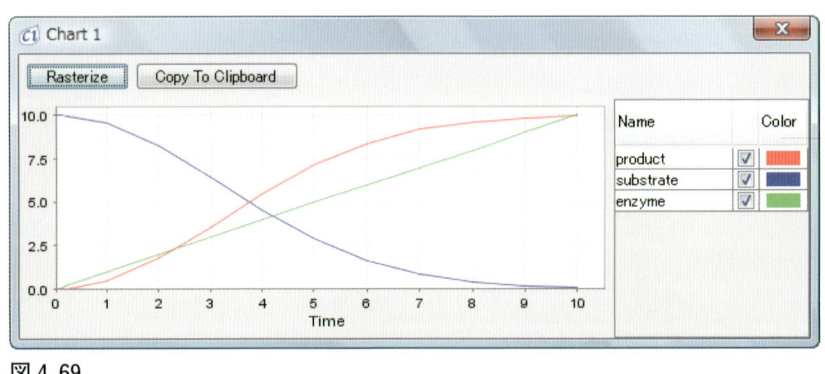

図 4.69

なお，〈ステップ 1〉と〈ステップ 3〉で追加した，プロセスとエンティティ（CAK）のタイプの組合せは（離散，離散），（離散，連続），（連続，連続）が可能です．

4.8 まとめ

この章では，セルイラストレータのインストールの方法，基本概念，起動方法，モデルの編集方法，実行方法を学びました．さらに，個々の生体内の反応をセルイラストレータ上でどのようにモデル化するかも学習しました．汎用エンティティと汎用プロセスについては触れることができませんでしたが，文献 [4] にその理論的な背景と具体的なモデル化について述べています．

COLUMN 4

プロセス間の競合問題

最後に，2つの離散プロセス p1, p2 と 3 つの離散エンティティ e1, e2, e3 から構成される図 4.70 のモデルを考えましょう．エンティティ e1 の初期値は 5，エンティティ e2 と e3 の初期値は 0 にします．プロセス p1 と p2 の速度はともに 1 とし，コネクタ c1 と c2 の閾値はそれぞれ 0 です．2 [pt] の時点をみると，e1 の値は 1 になっており，2 つのプロセス p1 と p2 は実行可能になっています．しかし，p1 と p2 を実行するためには合わせて 1 + 1 = 2 の値を必要としますが，e1 の値は 1 しかありません．このようなとき，**競合（Conflict）** が起こっているといいます．セルイラストレータでは，この競合の解消のため，プロセスに **優先度（Priority）** を付けています．優先度が同じ場合は，ランダムに実行されるプロセスが選ばれます．

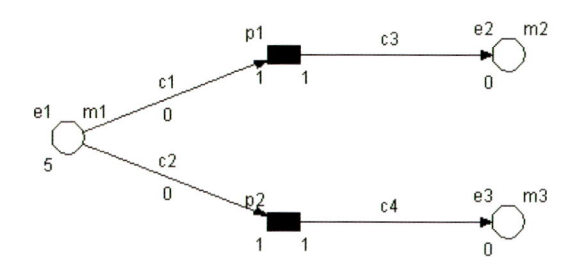

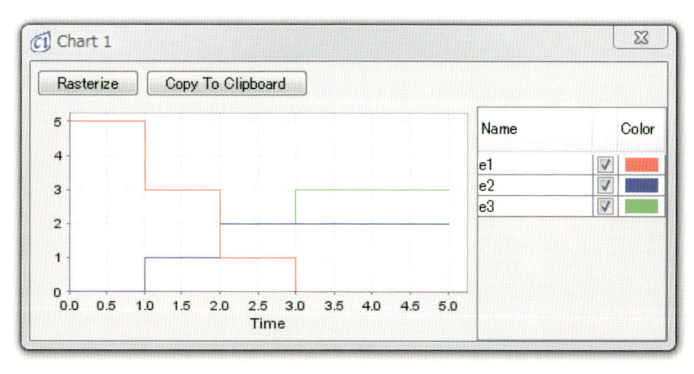

図 4.70

COLUMN 5

汎用エレメントの使い方

　生体内のパスウェイをモデル化するときに，もっと複雑な現象をモデル化してシミュレーションをしたいという要望がでてきます．そのようなために，HFPNe を用いたセルイラストレータでは，汎用エンティティと汎用プロセスが用意されています．たとえば，7.3 節で作成した転写のモデルを配列レベルでの転写状況までモデル化してあげたいという場合には，図 4.71 のようなモデルを作成することができます（上：汎用エンティティを用いたモデル化．下：連続エンティティを用いて簡略化して書いたモデル）．

　このように，配列レベルのモデル化を行うことで，選択的スプライシングやフレームシフトな

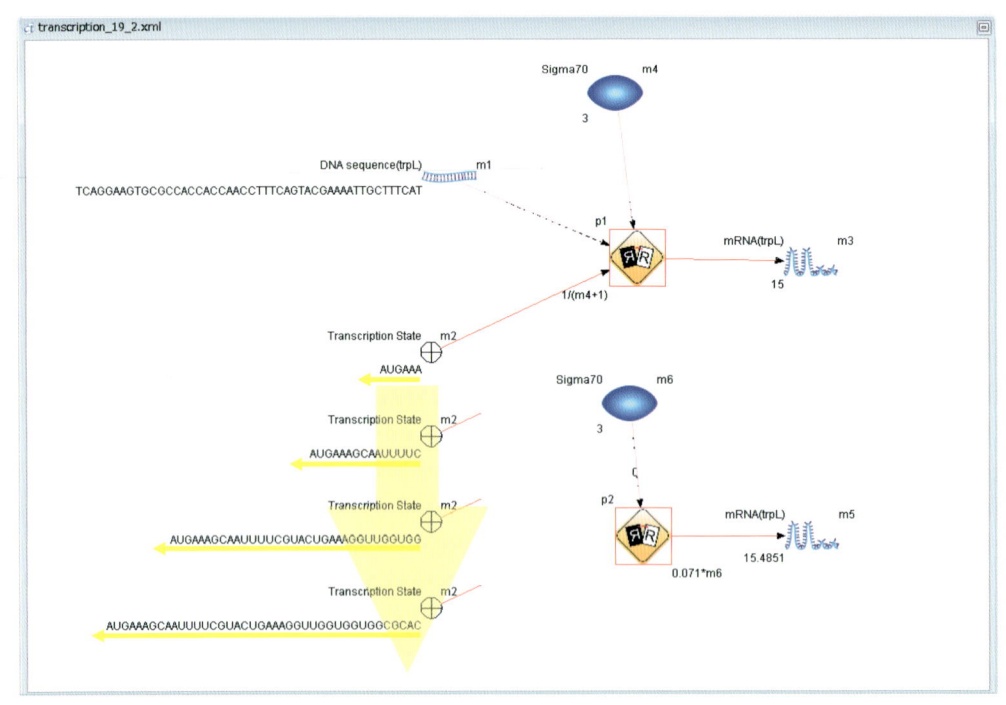

図 4.71

どの配列にかかわる現象も表現することができます．他にもたくさんの修飾を受けるタンパク質を1つの汎用エンティティを用いてモデル化することで，離散エンティティや連続エンティティでは扱いにくい現象を簡潔に表記することができます．

　図 4.71 の上のモデルの汎用プロセスに割り当てている反応式は，次のようになっています．また，付属 CD-ROM に入っているモデル "fig4_71_generic_model_transcription.xml" を開いて実行すると，塩基配列が伸びていく様子を観察することができます．

connector	update function
c1	m1;

c2	import("gon.Transcription");
	totalnum = m1.length();
	num = m2.length();
	if(totalnum > num){
	nextcode = m1.substring(totalnum-num-1, totalnum-num);
	newsequence = m2 + Transcription::Trans(nextcode);
	}
	else{newsequence = "";};
	newsequence;

c3	m3;
c4	if(m1.length() == m2.length()){m3 = m3 + 1;}

第5章
パスウェイ表現とシミュレーション

この章では，第4章の後半で学習した生体内の反応を組み合わせることで，パスウェイのモデル化とシミュレーションの実際を学習します．セルイラストレータを使って，シグナル伝達経路，代謝経路，遺伝子制御ネットワークの3種類のパスウェイのモデル化を経験することにより，モデル作りのノウハウを図解します．これにより自らの力で新たにパスウェイのモデルを作成できるようになります．各課題のシミュレーションした結果は，セルイラストレータプレイヤー（簡易版と同時にインストールされています）で再生できます．なお，付属CD-ROMのセルイラストレータ3.0簡易版は3個のエンティティをもつモデルまでしかシミュレーションできません．そのため，本章の大きなモデルのシミュレーションを実行するには，CI Professional/Standard/Classroomが必要です．本章の課題を作りながら学習する場合には，https://www.cellillustrator.com/jp/register から体験版をお申し込みください（試用期間は1か月です）．試用期間終了後は，付属CD-ROMのセルイラストレータ3.0簡易版を再度インストールすることで再び簡易版として使用できます．

5.1 シグナル伝達経路のモデル作り

シグナル伝達経路のモデルとして，EGF刺激によるEGFレセプタを介したシグナル伝達経路のモデル作りをします．これは生物学的な知識に基づいたおおまかなモデルですが，こうしたモデル化は，パスウェイに関する新しい知識の整理の仕方ともいえます．

5.1.1 登場するメインプレーヤー：リガンドと受容体

細胞は外界からのシグナル分子（リガンド）のはたらきによって増殖や分化が制御されています．細胞にはリガンドを認識するための受容体とよばれる分子が存在しており，リガンドと相互作用することで細胞に目的の反応をひき起こします．たとえば，ラット褐色細胞腫株（PC12）は，神経成長因子（Nerve Growth Factor；NGF）による外部シグナルを細胞膜に存在する神経成長因子受容体（Tropomyosin Receptor Kinase A；TrkA）によって受け取り，神経細胞に分化することが知られています．この5.1節ではリガンドの1つである**上皮成長因子（Epidermal Growth Factor；EGF）**による初期のシグナル伝達過程のモデル作りをします．EGFの受容体は細胞膜に存在する

上皮成長因子受容体（Epidermal Growth Factor Receptor；EGFR）です．別名，ErbB1 ともよばれ，チロシンキナーゼ型受容体の 1 つである ErbB ファミリに属します．

　EGFR の発現は上皮系，間葉系，神経系起源の多様な細胞でみられ，細胞の増殖，上皮・ニューロンの形成などさまざまな生命活動をつかさどる受容体です．また，EGFR の過剰発現や，遺伝子の変異が癌の原因となっていることが明らかとなってきており，その重要性から盛んに研究が行われています．

5.1.2　EGF 刺激による EGFR を介したシグナル伝達のモデル化

　白紙のキャンバスから，手順を追いながらモデルを作成していきます．まず，左ツールバーの一番上のアイコン をクリックして新しいキャンバスを作成します（**図 5.1**）．生物エレメント（Biological Elements）ダイアログ（Dialog）を活用してモデルを作成しますので，このダイアログ を開いておきます．また，これから用いるエンティティやプロセスは連続なものを用います．

図 5.1

5.1.2.1　細胞の配置

　これから作成するモデルでは，細胞膜上でのシグナル伝達を扱いますので，まずキャンバスに**図 5.2** のように，細胞の絵を配置します．これは，"Edit Parts" を押し［cells］→［animal_cell_blank］の操作を行うと，大きな細胞の絵がキャンバスに置かれます．形を整えるには，絵を選択

図 5.2

し，シフトキーを押したまま絵の角をもって動かせば変形できます．大きさはシミュレーション時に影響を与えませんが，絵の細胞膜や細胞質の部分にカーソルを置くと［plasma_membrane］や［cytoplasm］などの情報が表示され，このあと，キャンバスにエンティティやプロセスを配置していくときに便利です．

5.1.2.2 EGFR の配置

EGFR は細胞膜上に存在することが知られています．

課題 5.1.1
4.7.3 項（転写）を参考にして，EGFR の翻訳の過程を作成せよ．ただしエンティティ EGFR の値は濃度を表し，その絵は 🧬，翻訳の速度は 1 とする（**図 5.3**）．

課題 5.1.2
課題 5.1.1 で作成したモデルを実行し，EGFR の時間経過をグラフで確認せよ．

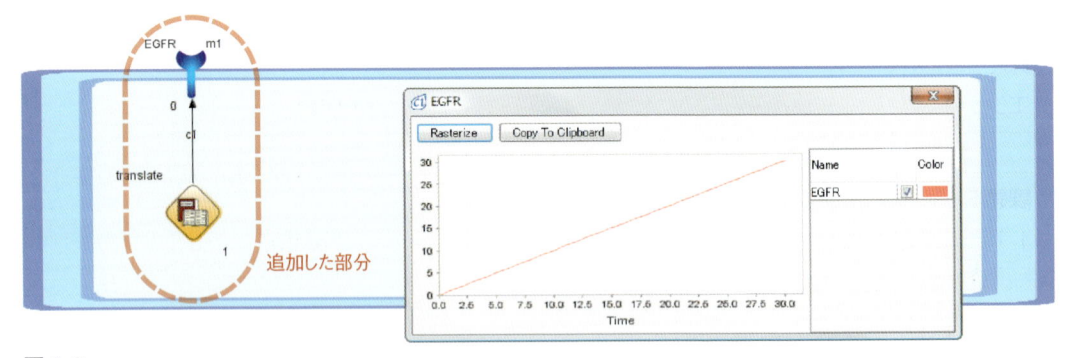

図 5.3

課題 5.1.2 のようにシミュレーションをすると，EGFR の濃度は時間とともに，ただひたすらに増加します．実際には，自然に崩壊するはたらきが生体内に備わっているために，ある一定の濃度に落ち着くことが知られています（**定常状態**）．そのためには，課題で作成したモデルにデグラデーションのプロセスを追加することが望ましいことになります．

課題 5.1.3
図 5.3 に，4.7.1 項（デグラデーション）を参考にして，EGFR のデグラデーションのプロセスを追加せよ．ただし，速度は，EGFR の濃度の 0.04 倍とする．

ここまでで，キャンバスは**図 5.4** のようになります．

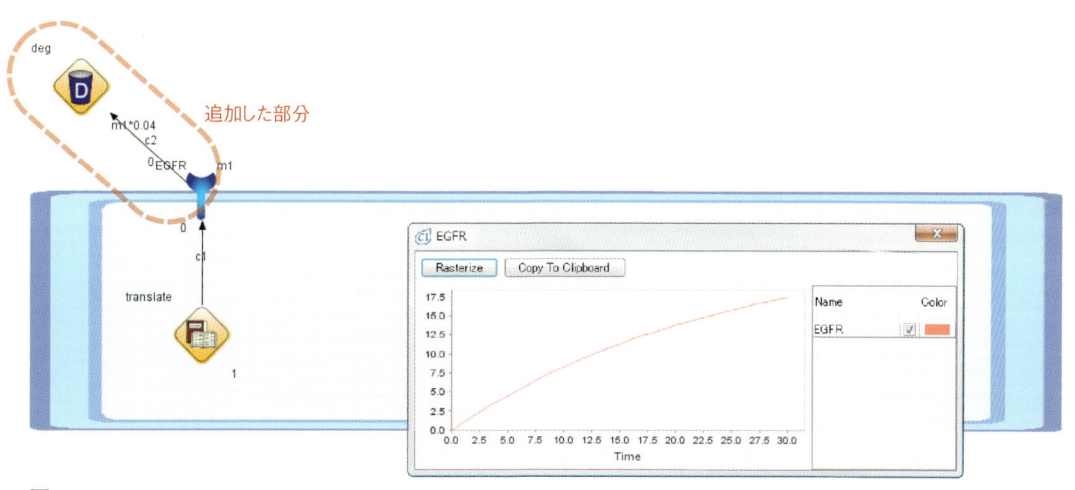

図 5.4

5.1.2.3　EGF と EGFR の結合

EGFR は通常，細胞外から供給される EGF の濃度に依存してシグナルを伝えることが知られています．

課題 5.1.4
エンティティ EGF を細胞外に配置せよ．ただし EGF の絵は ● とする．

課題 5.1.5
4.7.3 項（転写）を参考にして，EGF を供給するプロセス ◆ を追加せよ．

課題 5.1.6
課題 5.1.3 と同様，EGF のデグラデーションのプロセスを追加せよ．ただし，速度は，EGF の濃度の 0.01 倍とする．

ここまでで，キャンバスは**図 5.5** のようになります．

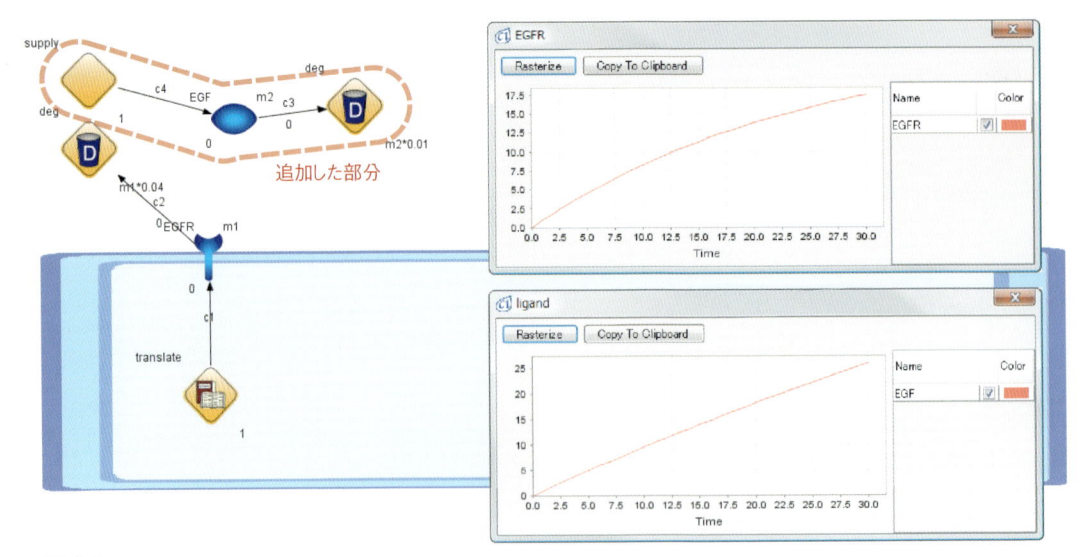

図 5.5

EGFR によるシグナルの伝達には，細胞膜上で EGF と EGFR が直接結合し複合体を形成する必要があります．

課題 5.1.7
4.7.4 項（結合）を参考にして，EGF と EGFR の結合するプロセスを追加せよ．速度は EGFR と EGF の濃度の積の 0.1 倍とする．ただし，EGF と EGFR の複合体の絵は 📍 とする．

細胞膜上で結合した EGF と EGFR の複合体は解離することもあります．

課題 5.1.8
4.7.5 項を参考にして，EGF と EGFR が解離するプロセスを追加せよ．解離の速度は，結合速度より遅くし，複合体の濃度の 0.001 倍とせよ．

課題 5.1.9
EGF と EGFR の複合体のデグラデーションのプロセスを追加せよ．速度は，複合体の濃度の 0.01 倍とする．

ここまでで，キャンバスは図 5.6 のようになります．

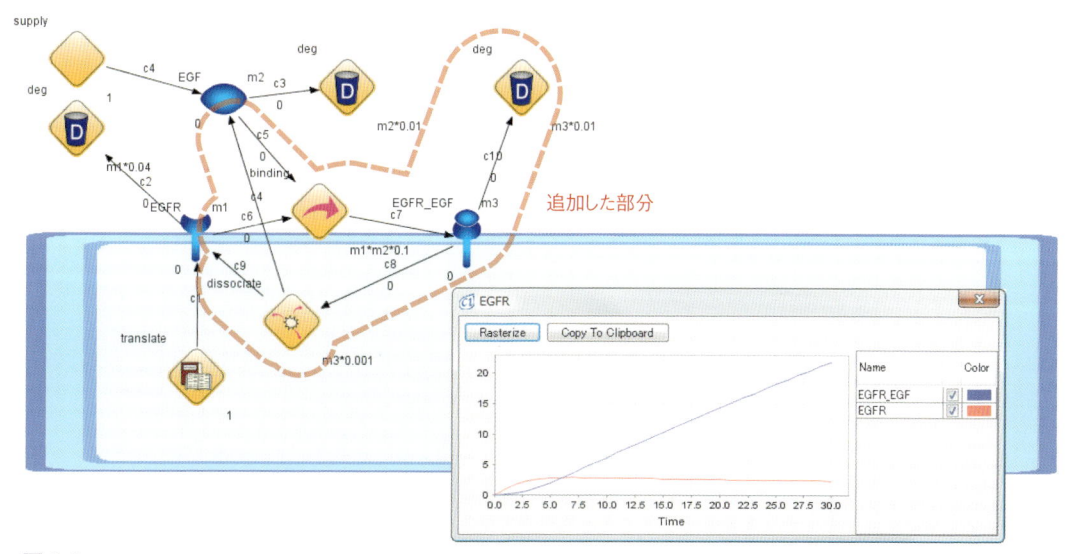

5.1 シグナル伝達経路のモデル作り　77

図 5.6

5.1.2.4　EGF と EGFR 複合体の 2 量体化

EGF と EGFR の複合体は 2 つが結合して 2 量体を形成することが知られています．この部分のモデルを作ります．

そのために，第 4 章では触れずにおいた新しいことを一つ説明します．プロセスには，離散の場合も連続の場合も速度（Speed）が与えられていました．プロセスには，コネクタでいくつかのエンティティが接続されます．そして，抑止コネクタと補助コネクタ以外の場合（すなわちプロセスコネクタの場合），入力コネクタに接続しているすべてのエンティティからこのコネクタを通して同じ速度でエンティティから値が減らされ，また同じ速度で出力コネクタに接続しているエンティティに値が増やされました．つまり，プロセスにつながっているコネクタには同じ速度で「値が流れて」いたわけです．セルイラストレータでは，HFPNe に基づいて開発されているため，このコネクタを流れる値の速度をコネクタごとに自由に変えることができます．次の課題ではこの方法を使います．

課題 5.1.10

4.7.4 項（結合）を参考にして，EGF と EGFR の複合体からその 2 量体が形成されるプロセスを作成せよ．2 量体の絵は付属 CD-ROM の PrepareElements フォルダの中の ReceptorLigandDimer.xml に用意されているので，ここからコピーして使用すると手間が省ける．速度は複合体の濃度の 0.1 倍とする．ただし，2 つの複合体から 1 つの 2 量体ができるため，入力コネクタを通して複合体が減る速さに対して，出力コネクタを通して 2 量体が作られる速さを，その半分にする必要がある．セルイラストレータでは次のように操作する．

- 2 量体形成のプロセスを選択し，エレメント設定（Element Settings）ダイアログが表示されていなければ，右ツールバーのをクリックする．
- ダイアログ中の Process のタブにて，反応速度様式（Kinetic Style）の項目の値に「connectorcustom」を選択する．

- すると，ダイアログの下部にコネクタごとの速度（Speed）を入力できるようになり，入力側のコネクタと出力側のコネクタの速度を個別に指定することができる（図5.7左）．

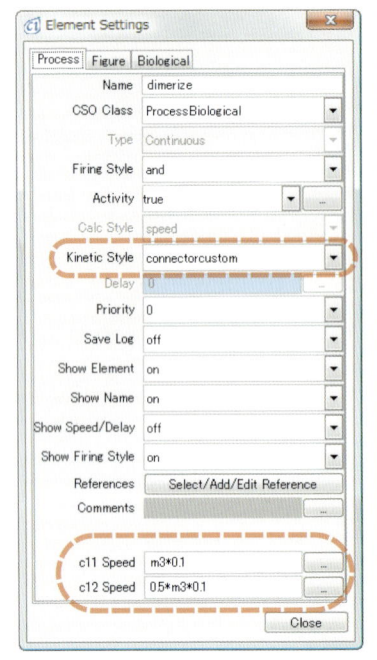

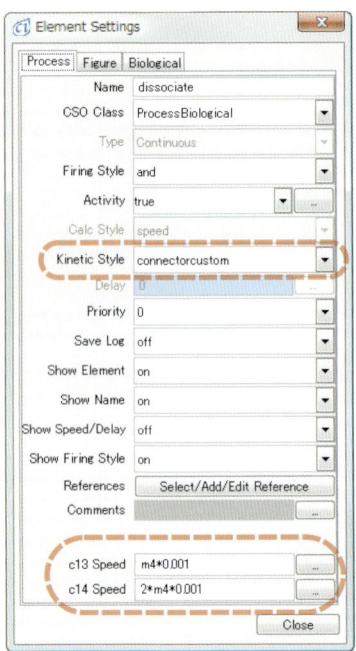

図5.7

課題5.1.11

4.7.5項（解離）を参考にして，EGFとEGFRの複合体の2量体が，元の複合体に戻る解離のプロセスを作成せよ．解離反応は，2量体形成反応よりも遅いため，速度は2量体の値の0.001倍とせよ．ただし，2量体の1つが解離すると2つの単量体ができるため，2量体形成の場合と逆の考慮をする必要がある．つまり，入力コネクタに対して出力コネクタに割り当てる速度を2倍にする必要がある．このために以下の操作を行う．

- 2量体解離のプロセス を選択し，エレメント設定（Element Settings）ダイアログを表示する［すでにエレメント設定（Element Settings）ダイアログが表示されている場合は，プロセスを選択するだけでよい］．
- ダイアログ中のProcessのタブにて，反応速度様式（Kinetic Style）の項目の値に「connectorcustom」を選択する．
- ダイアログの下部にコネクタごとの速度（Speed）を入力できるようになり，入力側のコネクタと出力側のコネクタの速度（Speed）を個別に入力することができる（図5.7右）．

課題5.1.12

2量体に対してデグラデーションのプロセスを追加せよ．速度は，他と同じように2量体の0.01倍とせよ．

このようにして図 5.8 のモデルができます．

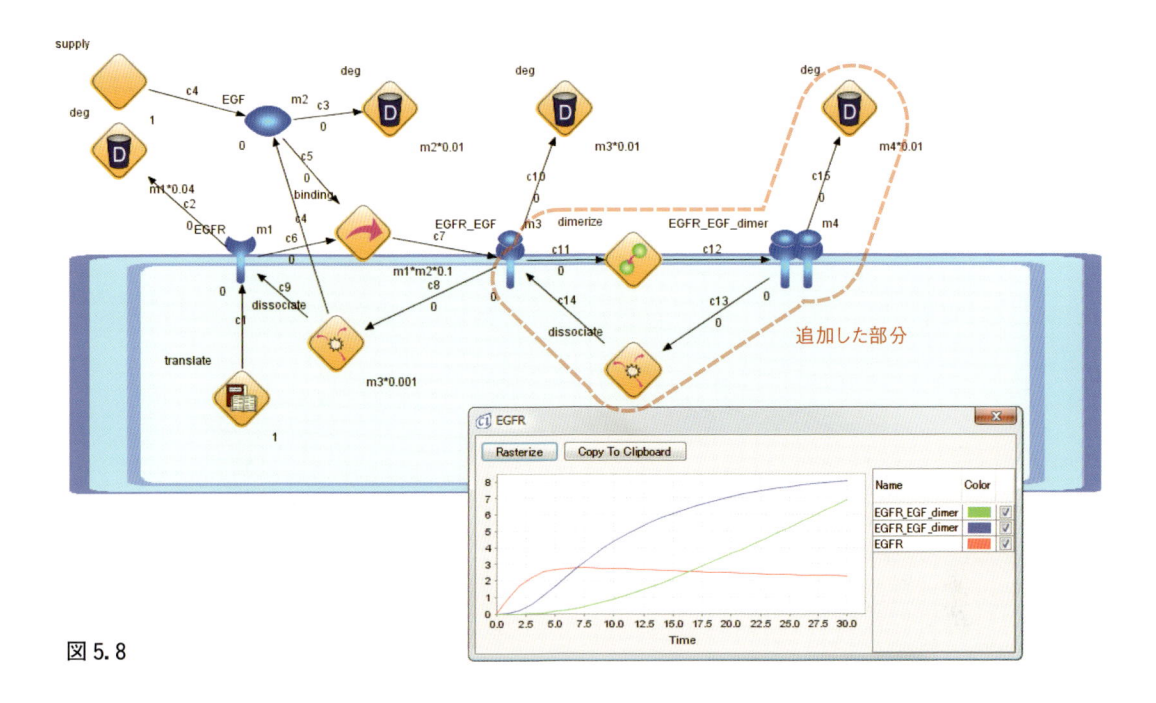

図 5.8

5.1.2.5 EGFR のリン酸化と脱リン酸化

EGF と EGFR の複合体の 2 量体は，EGFR の細胞内のドメインがリン酸化され，このリン酸化によって，さらに細胞内にシグナルが伝達されることが知られています．

> **課題 5.1.13**
> 2 量体のリン酸化反応のプロセス +P を追加せよ．速度は，2 量体の 0.1 倍とする．リン酸化した 2 量体の絵 は付属 CD-ROM の PrepareElements フォルダの PhosphorylatedReceptorLigandDimer.xml に用意されている．

> **課題 5.1.14**
> リン酸化された 2 量体の脱リン酸化反応のプロセス -P を追加せよ．速度は，リン酸化反応よりも通常起こりにくい反応なので，リン酸化された 2 量体の 0.01 倍とする．

> **課題 5.1.15**
> リン酸化された 2 量体にデグラデーションのプロセスを追加せよ．速度は，他と同じように 0.01 倍とする．

このようにして図 5.9 のモデルができます．このモデルではリン酸化酵素や脱リン酸化酵素は省略しています．

このモデルをシミュレーションしてみると，実際に，EGF が EGFR と結合し，その複合体は 2

図 5.9

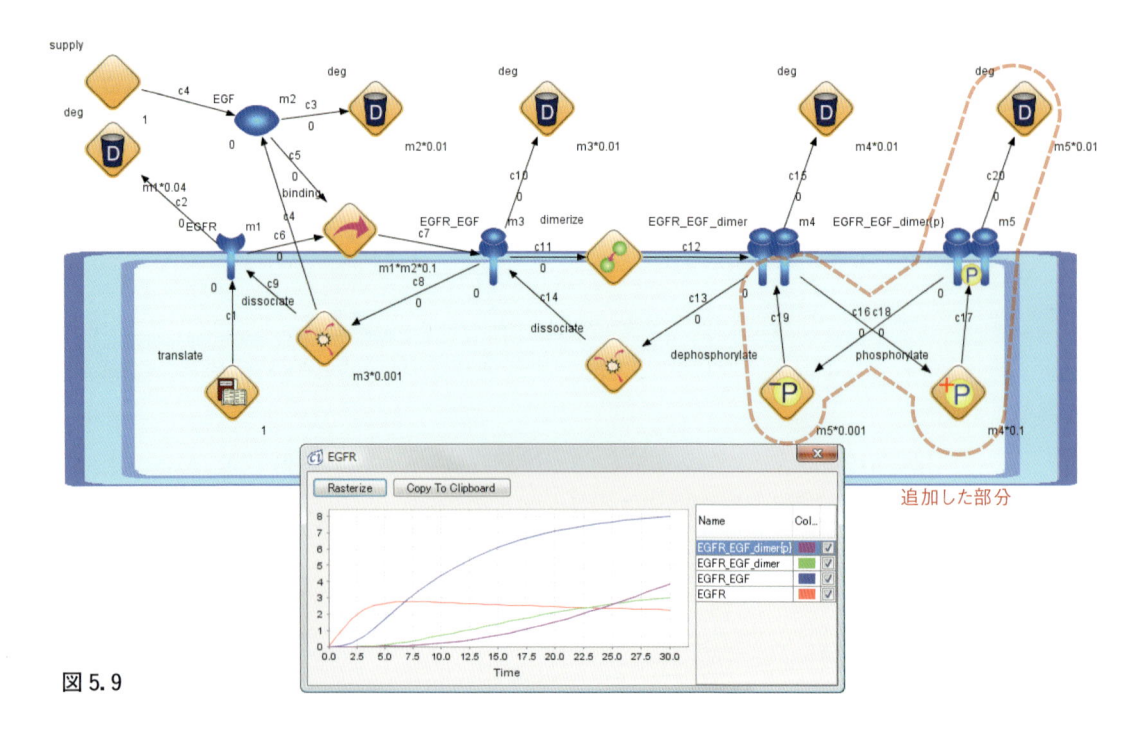

量体化し，2 量体はリン酸化するという，細胞膜上での一連の反応が再現されます．グラフを見ると，一番はじめに EGFR が増えはじめ，少し遅れて EGF と EGFR の複合体，さらにあとには複合体の 2 量体，そして 2 量体がリン酸化されたもの，と次々に反応が伝播していく様子がわかります．つまり，シグナルが伝達していく様子が見られるということです．

なお，このモデルでは，リン酸化状態の 2 量体が解離するためには一度脱リン酸化状態にならなければならないことにしていますが，リン酸化状態のまま単量体になる可能性もあります．こういった可能性が無視できない場合は，モデルを修正する必要があります．それと同じく，2 量体の状態からリガンドの EGF が解離するということも考えられます．今回は，それをモデル化せずに，2 量体状態の EGF-EGFR 複合体は安定であるという仮定をおいています．重要なことは，こうしたパスウェイ内で起こっていることについて，別の考え方や新たな知見を自由に付け加え，モデルを編集し，シミュレーションができることです．

5.1.2.6 EGFR を介したシグナルの薬剤による阻害

ここで，阻害剤を取り扱う場合を考えてみることにします．EGFR 阻害剤として，AG 化合物が知られています．ここでは，図 5.9 のモデルにこの AG 化合物阻害剤を加えて，どのような変化が起こるかを見てみることにします．

AG 化合物の中で AG1478 は EGFR のチロシンリン酸化を阻害することが知られています．

課題 5.1.16

エンティティ AG1478 を追加し，EGFR のリン酸化を阻害するようにリン酸化のプロセスを修正せよ．エンティティ AG1478 の絵には ❓ を用い，この初期値は 2 とする．AG1478 からリン

酸化のプロセスへ抑止コネクタ（Inhibitory Connector）⊥ を引き，その閾値は1とせよ．
薬剤は時間とともに代謝されるため，AG1478にはデグラデーションのプロセスを付け加える．
代謝の速度はAG1478の0.01倍とする．

> **課題 5.1.17**
> 阻害する前のモデルと阻害後のモデルをシミュレーションし，その結果を比較せよ．

このようにして更新した阻害剤のあるモデルは図5.10となります．リン酸化のプロセスが抑制され，リン酸化された2量体が生じずにシグナル伝達が阻害されていることがはっきりと表現できます．

さらに十分に長い時間のシミュレーションを実行すると，導入されたAG化合物が代謝されることによって，（AG化合物の量が抑止コネクタの閾値以下になるとき）リン酸化反応の抑制が外れ，リン酸化されたEGFとEGFRの複合体の2量体が増えてくる現象を見ることができます（図5.11）．

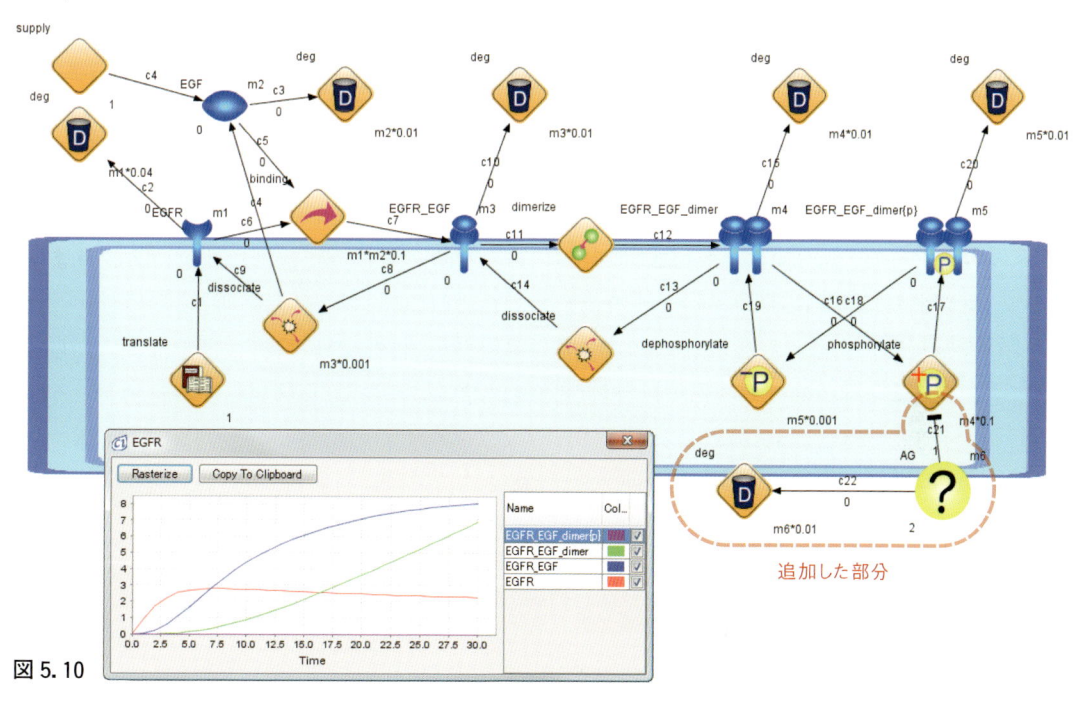

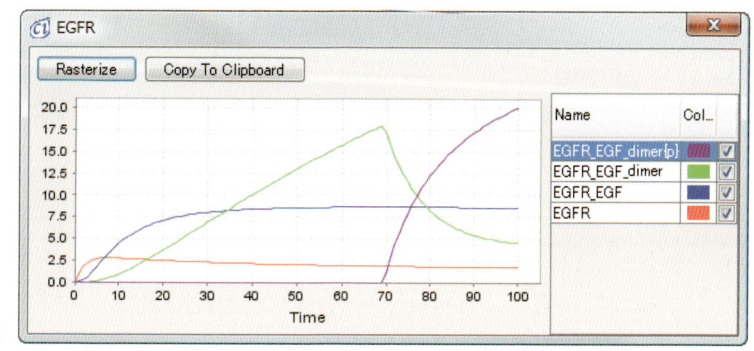

図 5.10

図 5.11

COLUMN 6

絵の編集

　モデルを作成していると，そのモデルに適したエレメントの絵がほしくなることがあります．セルイラストレータでは，すでにあるエレメントの絵を編集・加工することで，独自の絵を作成できます．この操作は，編集・加工をしたいエレメントを右クリック→［Edit Image］（図5.12）で起動する「CI SVG Editor」で行います．以下に，比較的簡単な操作でできる編集・加工の方法を紹介します．

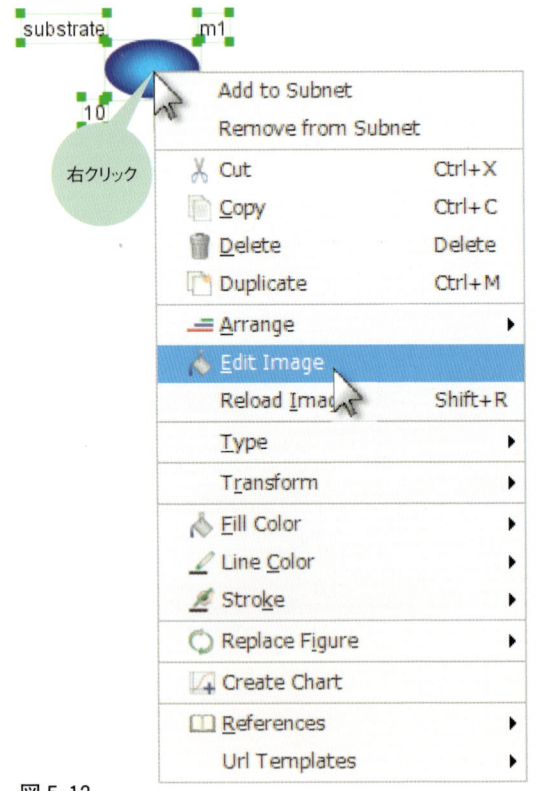

図5.12

● 色を変えたい

　生物エレメントのエンティティの中ではじめのほうにある青いタンパク質 ● の色を赤っぽい色に変えます．「Edit Image」をすると，CI SVG Editor に ● が編集可能な状態で読み込まれます． ● は薄い青色から青色までの円状のグラデーションで楕円を塗りつぶした絵として作成されています．このグラデーションを再定義することで色を変えることができます．CI SVG Editor のメニューバーの[Dialogs]→[Show resources]を選択し，Resource ダイアログを表

示します．そのタブ中から[Radial gradient]を選択するとcolor1という名前がついた青色のグラデーションの定義が表示されます．この「color1」をダブルクリックすると，Radial gradient Prop.ダイアログが表示され，ここでグラデーションの定義をし直すことができます．このグラデーションには2つの色が使われていますので，この2色を変更します．変更の方法はいくつかありますが，一つの方法として，ダイアログ中の上のほうにある逆三角形の上の四角をダブルクリックすることで，新しい色を選択できます．ここでは，左側に薄いピンク色を，右側には赤色を選びます．OKボタンを押してRadial gradient Prop.ダイアログを閉じると，CI SVG Editorの上でこの絵の色が赤くなります．最後にメニューの[File]→[Save]を選択することで，いまの変更がCIのキャンバスのエンティティに適用されます．

2つのエレメントを合成したい

2つのタンパク質 と が結合する現象を描いた場合に，この2つを1つの絵にまとめる操作をします．流れとしては，片方の絵をもう片方にコピーする操作になります． と をキャンバスに置き，1つずつ「Edit Image」をして，CI SVG Editorで開きます． の中に をコピーするとするならば， のウィンドウを選択している状態で，メニューから[Edit]→[Copy]のあと， のウィンドウを選択し，メニューの[Edit]→[Paste]を行います．コピーした絵 が の上にはりつけられたことを確認し，CI SVG Editorでのキャンバスの大きさを大きくします．メニューの[Transforms]→[Canvas]→[Resize]で表示されるResizeダイアログで，横（Width）と縦（Height）の長さを指定します．今回の場合は横200，縦212程度が適当です．OKボタンを押したあと，変更されたキャンバスにきれいに収まるように をドラッグで移動させます．満足ができる位置に配置できたところで，CIのキャンバスに反映させるため，メニューの[File]→[Save]を行います．

横と縦の比率を変更したい

エレメントを単純に拡大縮小するだけならば，CIのキャンバスの上でエレメントの角をつまみ動かすことで，CI SVG Editorなしで変更できます．このとき，Shiftキーを押しながら操作することで縦横比を保持せずに大きさを変えることができます．

そのほか

編集・加工を行っていると，CIのキャンバスでエレメントの表示が崩れることがあります．このようなときには，対象のエレメントを右クリックし[Reload Image]を行うことで解決できます．

なお，CI SVG Editor上で新しく絵を描き上げるという使い方もできます．そのようなもっと進んだ編集・加工を自ら使いながら身につけてください．

5.2 代謝系のモデル作り

解糖のパスウェイは，グルコースがピルビン酸まで代謝される経路です．化学反応式では，通常

$$\text{グルコース} + 2\,\text{ADP} + 2\,\text{NAD}^+ \longrightarrow 2\,\text{ピルビン酸} + 2\,\text{ATP} + 2\,\text{NADH}$$

のように簡単に表記されます．しかし，実際は図 5.16 のように 10 段階の代謝反応からなる代謝経路であり，それぞれの代謝反応の段階を化学反応式で表すことができます．この 5.2 節では，解糖のパスウェイを例に，代謝経路をセルイラストレータで表現する方法を紹介します．

5.2.1 化学反応式とパスウェイ表現

図 5.13 は次の化学反応式をセルイラストレータで表現したパスウェイの例です．

$$\text{グルコース} + \text{ATP} \longrightarrow \text{グルコース 6-リン酸} + \text{ADP}$$

ここでは，離散エレメントを使用した例になっていますが，連続エレメントを使用することもできます．

化学反応式を左辺と右辺に分けて考えます．両辺に現れる物質は，それぞれエンティティを用いて表現します．左辺のエンティティと右辺のエンティティの間のプロセスが，この代謝反応を意味します．それぞれのエンティティがもつ値は，それぞれの物質の分子の個数を表しています．また，セルイラストレータ上で「プロセスが実行されること」は生体内では具体的に「この代謝反応が起きること」に対応します．プロセスが実行されることで，グルコースと ATP を表すエンティティの値が 1 つずつ減り（消費され），グルコース 6-リン酸と ADP を表すエンティティの値が 1 つずつ増え（生産され）ます．つまり，図 5.13 のモデルは，1 分子のグルコースと 1 分子の ATP から，1 分子のグルコース 6-リン酸と 1 分子の ADP が生成される化学反応式を表現しています．

この図 5.13 では，上の化学反応式に示された物質に加え，この代謝反応を促進する酵素をエンティティとして追加しています．酵素は反応を触媒するだけで，反応の前後で数量が変化しません．そのため，4.7.7 項のように補助コネクタを使って，プロセスに接続を行っています．

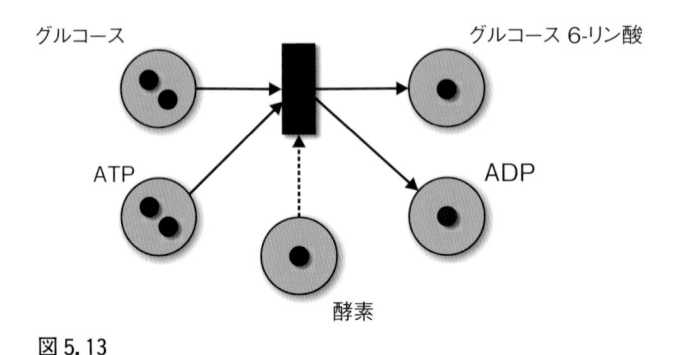

図 5.13

5.2.2 ミカエリス・メンテンの式とセルイラストレータのパスウェイ表現

酵素反応は，**基質**（**substrate**）と**酵素**（**enzyme**）の相互作用です．酵素をE，基質をS，酵素と基質が結合したもの（**酵素基質複合体**）をES，基質から代謝される**生成物**（**product**）をPとして，酵素反応の式は次のように一般化されます．

$$E + S \rightleftarrows ES \longrightarrow E + P$$

この反応式は，連続エレメントを用いて**図5.14**のように表現できます．酵素および基質が十分にあるときは，**ミカエリス・メンテンの式**（**Michaelis-Menten kinetics**）を用いて，反応速度 v を次のように書くことができます．

$$v = V_{\max}[S]/(K_m + [S])$$

ここで，$V_{\max}$ は反応速度の最大値，K_m は**ミカエリス定数**（**Michaelis constant**）とよばれるものです．

酵素濃度が一定であるとき，$V_{\max}$ と K_m は定数として与えられます．酵素および基質が十分にあるものとして，この速度式を利用すれば，酵素反応の式は，次のように簡略化できます．

$$S \longrightarrow P$$

これをモデル化したのが**図5.15**です．SとPに加え，代謝反応には酵素が必須ですので，酵素から補助コネクタをプロセスに接続しています．

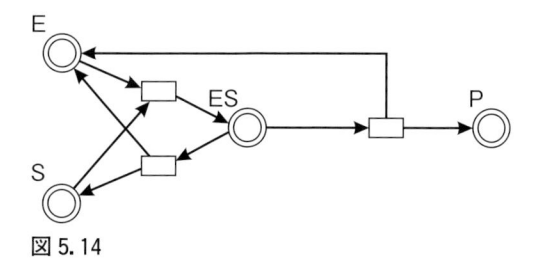

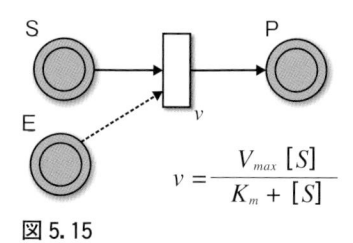

図5.14

図5.15

5.2.3 解糖のパスウェイのモデル作り

解糖のパスウェイは以下の化学反応式から構成されています．

(1) グルコース + ATP ⟶ グルコース 6-リン酸 + ADP
(2) グルコース 6-リン酸 ⇌ フルクトース 6-リン酸
(3) フルクトース 6-リン酸 + ATP ⟶ フルクトース 1,6-ビスリン酸 + ADP

(4) フルクトース 1,6-ビスリン酸 ⇌ グリセルアルデヒド 3-リン酸 + ジヒドロキシアセトンリン酸

(5) ジヒドロキシアセトンリン酸 ⇌ グリセルアルデヒド 3-リン酸

(6) グリセルアルデヒド 3-リン酸 + リン酸 + NAD$^+$ ⇌ 1,3-ビスホスホグリセリン酸 + NADH

(7) 1,3-ビスホスホグリセリン酸 + ADP ⇌ 3-ホスホグリセリン酸 + ATP

(8) 3-ホスホグリセリン酸 ⇌ 2-ホスホグリセリン酸

(9) 2-ホスホグリセリン酸 ⇌ ホスホエノールピルビン酸

(10) ホスホエノールピルビン酸 + ADP ⟶ ピルビン酸 + ATP

連続した反応であるため，それぞれの式の右辺の代謝物が次の代謝反応の左辺となっています．また，(1) から (10) の代謝反応には，それぞれにその代謝反応を触媒する酵素が存在します（**表 5.1**）．これらの化学反応式をまとめたパスウェイの外観は図 5.16 となります．

では手はじめに図 5.16 から，解糖のパスウェイの 1 段階目の代謝反応をモデル化してみます．(1) の代謝反応は，5.2.1 項で取り上げた次の化学反応式です．

グルコース + ATP ⟶ グルコース 6-リン酸 + ADP

これまでの化学反応式と同様に，グルコースなどの物質をエンティティとし，代謝反応をプロセスとしてこれらを接続すればよいことになります．グルコースとグルコース 6-リン酸の絵には ⬡-⬡ smole_molecule を，代謝反応のプロセスの絵には 🔶 metabolic_reaction を使用します．この反応では基質となるグルコース以外に ATP `ATP` が使用され，ADP `ADP` が生産されるので，これらも代謝反応のプロセス 🔶 に接続します．また，酵素としてヘキソキナーゼ 🔴 がはたらくので，これをキャンバスに設置し，代謝反応のプロセス 🔶 に補助コネクタ ⋮ を用いて接続します．なお，補助コネクタの閾値は 3 とします（**図 5.17**）．

表 5.1 解糖のパスウェイではたらく酵素

	酵素	反応方向
(1)	ヘキソキナーゼ	不可逆
(2)	ホスホグルコースイソメラーゼ	可逆
(3)	ホスホフルクトキナーゼ	不可逆
(4)	アルドラーゼ	可逆
(5)	トリオースリン酸イソメラーゼ	可逆
(6)	グリセルアルデヒド 3-リン酸デヒドロゲナーゼ	可逆
(7)	ホスホグリセリン酸キナーゼ	可逆
(8)	ホスホグリセロムターゼ	可逆
(9)	エノラーゼ	可逆
(10)	ピルビン酸キナーゼ	不可逆

表中の (1) 〜 (10) は，図 5.16 の (1) 〜 (10) に対応します．

5.2 代謝系のモデル作り　**87**

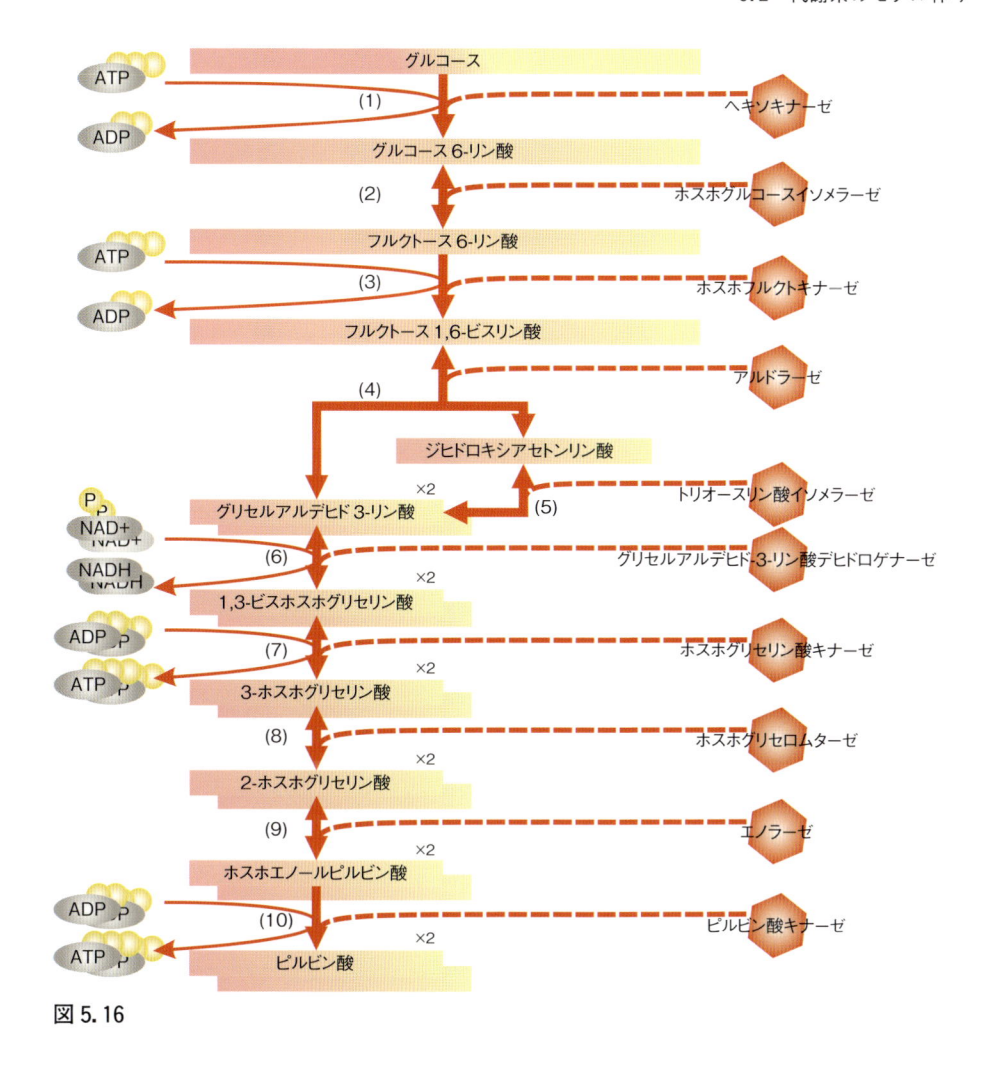

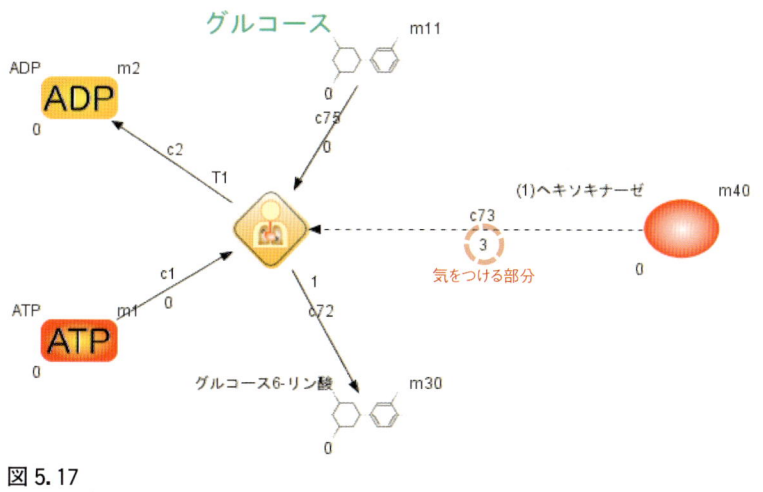

図 5.16

図 5.17

グルコース⬡-⬡，グルコース 6-リン酸⬡-⬡，ATP `ATP`，ADP `ADP`は，これらの分子が分解されることを考慮し，デグラデーションのプロセス🅳を接続します．ここでは，その速度に「濃

度/10,000」を設定し，グルコース6-リン酸からのプロセスコネクタの閾値を1と設定します．また，酵素ヘキソキナーゼ●のエンティティにもデグラデーションのプロセス◆を接続し，この速度は「濃度/10」とします．さらに，ここでは酵素は十分に供給されていることと仮定し，ヘキソキナーゼ●の初期値を5と設定します．そこに翻訳のプロセス◆を接続し，速度を1に設定します（図5.18）．

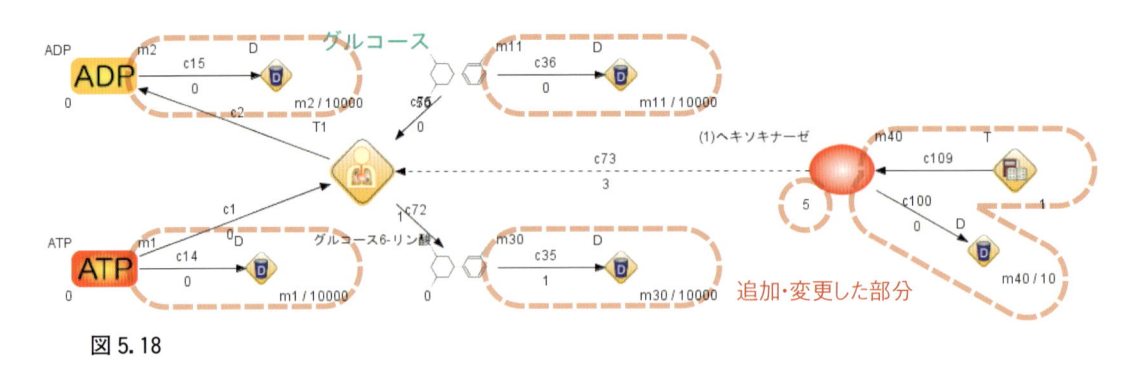

図 5.18

代謝反応のプロセス◆には，ミカエリス・メンテンの式から，$(V_{\max}[S])/([S]+K_m)$ を速度として設定します．このとき，$V_{\max}$ と K_m の値を設定するために，PvとPkの2つのエンティティ◎を用意します．エンティティPvの値が変数 $V_{\max}$ の値となります．また，エンティティPkの値が変数 K_m の値となります．ここでは，$V_{\max}=1$，$K_m=1$ という仮想の状態を設定しておきます．このように $V_{\max}$ と K_m を変数で設定することで，モデルが大きくなってきたときの反応速度の調整が楽にできます．

初期値として，ATP ATP と ADP ADP は豊富にあると仮定し300を，グルコース◇◯◇は50を，グルコース6-リン酸◇◯◇は0を設定します．

以上のようにして図5.19のモデルが完成します．

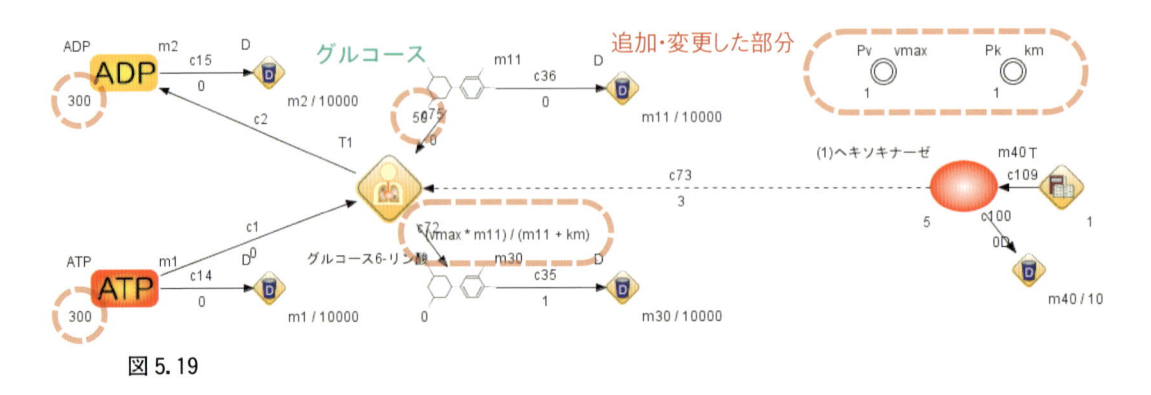

図 5.19

個々の化学反応式ひとつひとつは，すべて図5.19のようなモデルで表すことができるので，化学反応式の左辺にある基質（S）をエンティティとして，右辺にある生成物（P）のエンティティへ，「代謝反応のプロセス」を経由して接続します．このとき，「代謝反応のプロセス」の速度 v

をミカエリス・メンテンの式を用いて表すようにします.

では,ここから連続して代謝反応をモデル化します.ただし,(1)から(10)すべての代謝反応の K_m, V_{max} の値を仮に "1.0" として設定しています.また,(1)から(10)の代謝反応は,(1), (3),(10)を除き,すべて可逆反応です.しかし,ここではパスウェイモデルの簡略化のため,ミカエリス・メンテンの式を適用し,逆向きの反応を考慮しないことにします.エンティティの酵素の絵には ⬤,糖や代謝産物の絵には ⬡-⬡ を用いることにします.プロセスの絵は 🔶 を統一して用いることにします(もちろん,独自に「異性化」などの細かな現象に注目した絵を使用してもかまいません).

課題 5.2.1
図 5.19 のモデルに次の (2) の反応式を追加せよ.
$$\text{グルコース 6-リン酸} \rightleftarrows \text{フルクトース 6-リン酸}$$

課題 5.2.1 を終えると,**図 5.20** のようなモデルが作成できます.

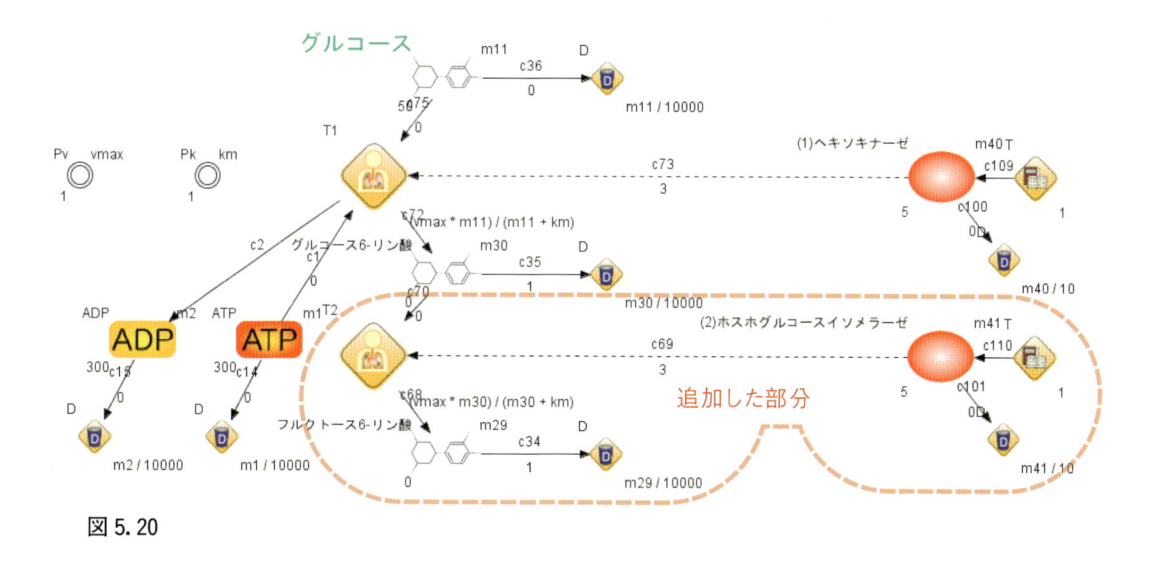

図 5.20

課題 5.2.2
課題 5.2.1 で描いたモデルに次の (3) の反応式を追加せよ.
$$\text{フルクトース 6-リン酸} + \text{ATP} \longrightarrow \text{フルクトース 1,6-ビスリン酸} + \text{ADP}$$

課題 5.2.2 を終えると,**図 5.21** のようなモデルが作成できます.

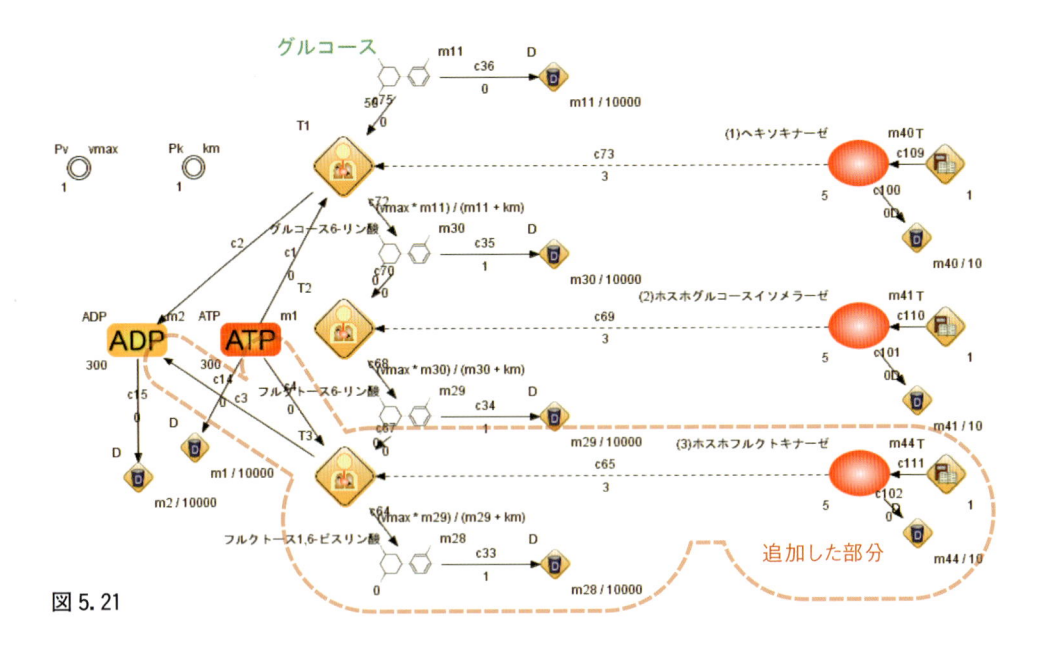

図 5.21

課題 5.2.3
課題 5.2.2 で描いたモデルに次の (4) の反応式を追加せよ．
フルクトース 1,6-ビスリン酸 ⇌ グリセルアルデヒド 3-リン酸 + ジヒドロキシアセトンリン酸

課題 5.2.3 を終えると，図 5.22 のようなモデルが作成できます．

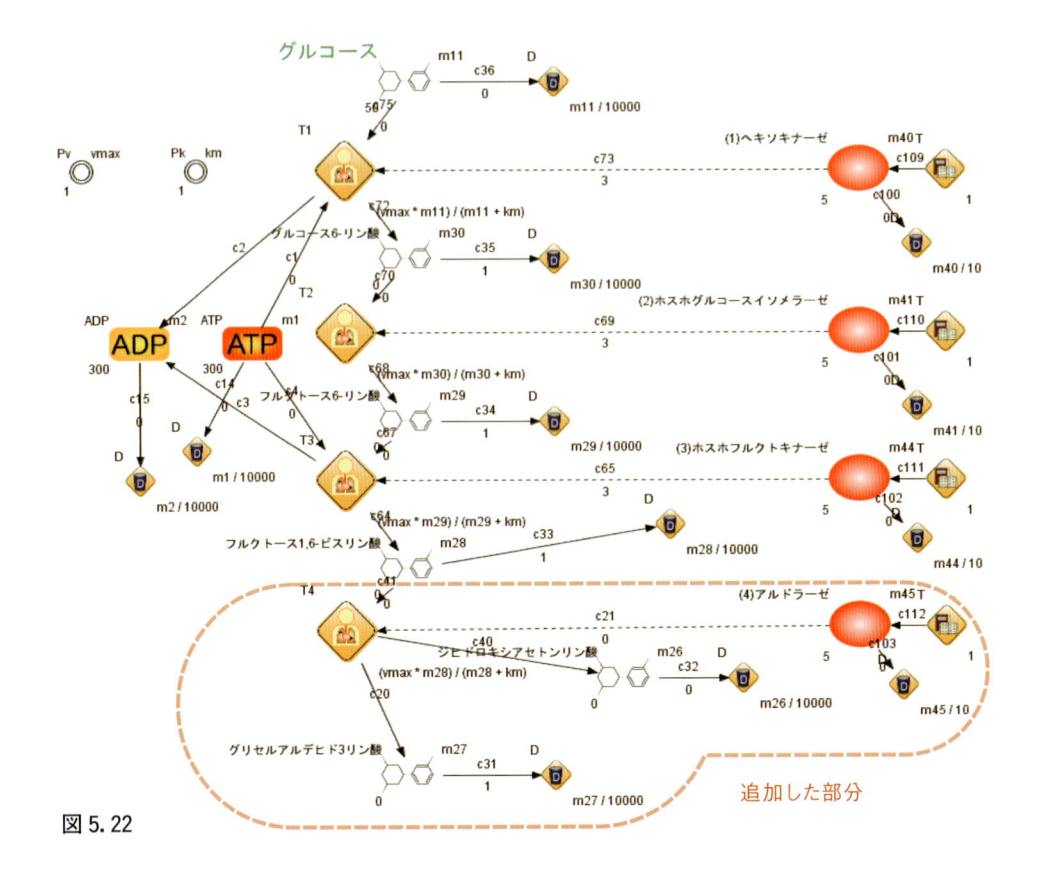

図 5.22

課題 5.2.4
課題 5.2.3 で描いたモデルに次の (5) の反応式を追加せよ.

$$\text{ジヒドロキシアセトンリン酸} \rightleftarrows \text{グリセルアルデヒド 3-リン酸}$$

課題 5.2.4 を終えると，図 5.23 のようなモデルが作成できます．

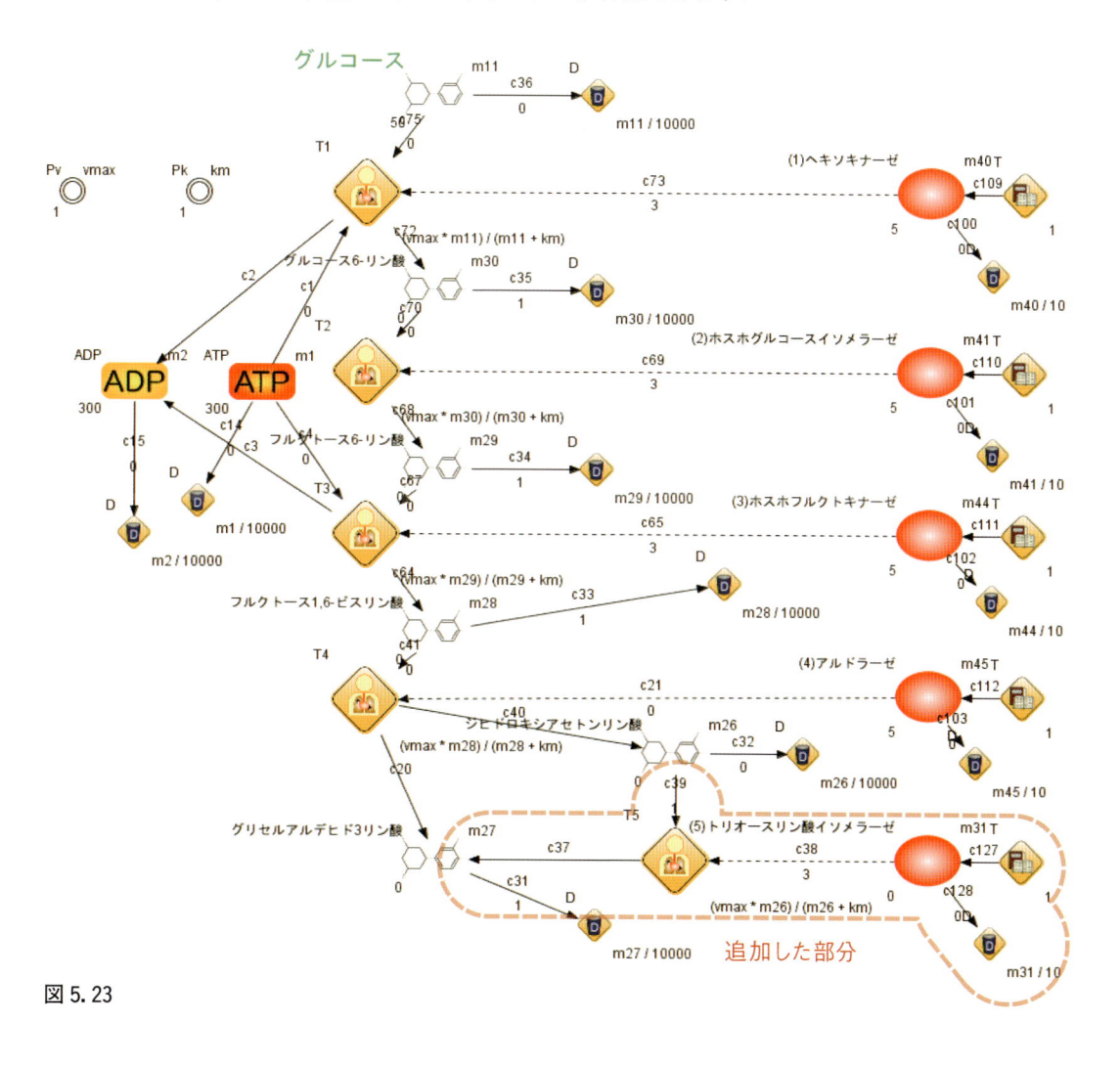

図 5.23

課題 5.2.5

課題 5.2.4 で描いたモデルに次の (6) の反応式を追加せよ.

　グリセルアルデヒド 3-リン酸 + リン酸 + NAD$^+$ ⇌ 1,3-ビスホスホグリセリン酸 + NADH

ただし，リン酸，NADH と NAD$^+$ の絵には ⓟ, NADH, NAD$^+$ を用い，すべてにデグラデーション（1/10,000）をつけよ．リン酸 ⓟ と NAD$^+$ の初期値は 300 とすること．

課題 5.2.5 を終えると，図 5.24 のようなモデルが作成できます．

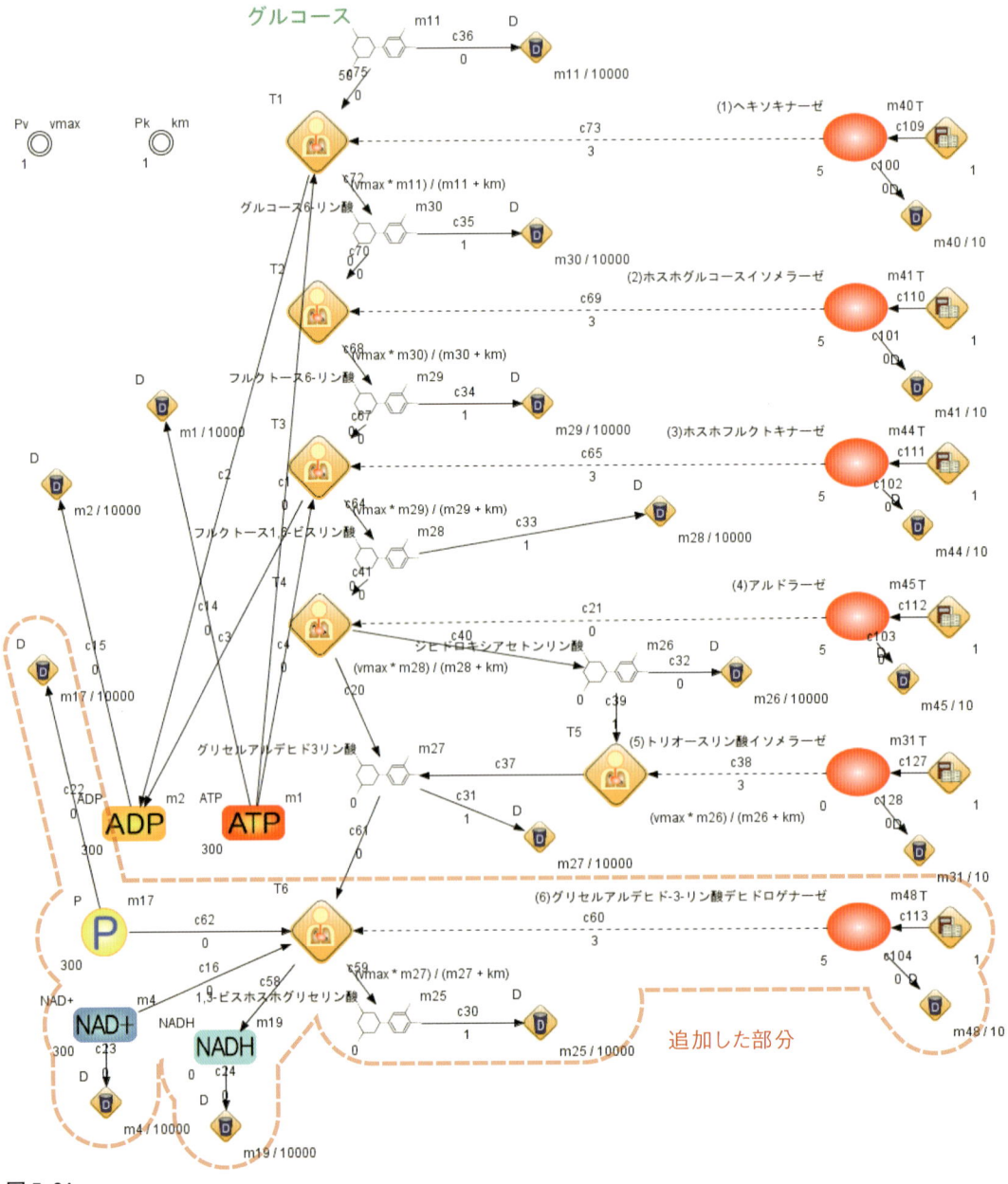

図 5.24

5.2 代謝系のモデル作り 93

> 課題 5.2.6
> 課題 5.2.5 で描いたモデルに次の (7) の反応式を追加せよ．
>
> 1,3-ビスホスホグリセリン酸 + ADP ⇌ 3-ホスホグリセリン酸 + ATP

課題 5.2.6 を終えると，図 5.25 のようなモデルが作成できます．

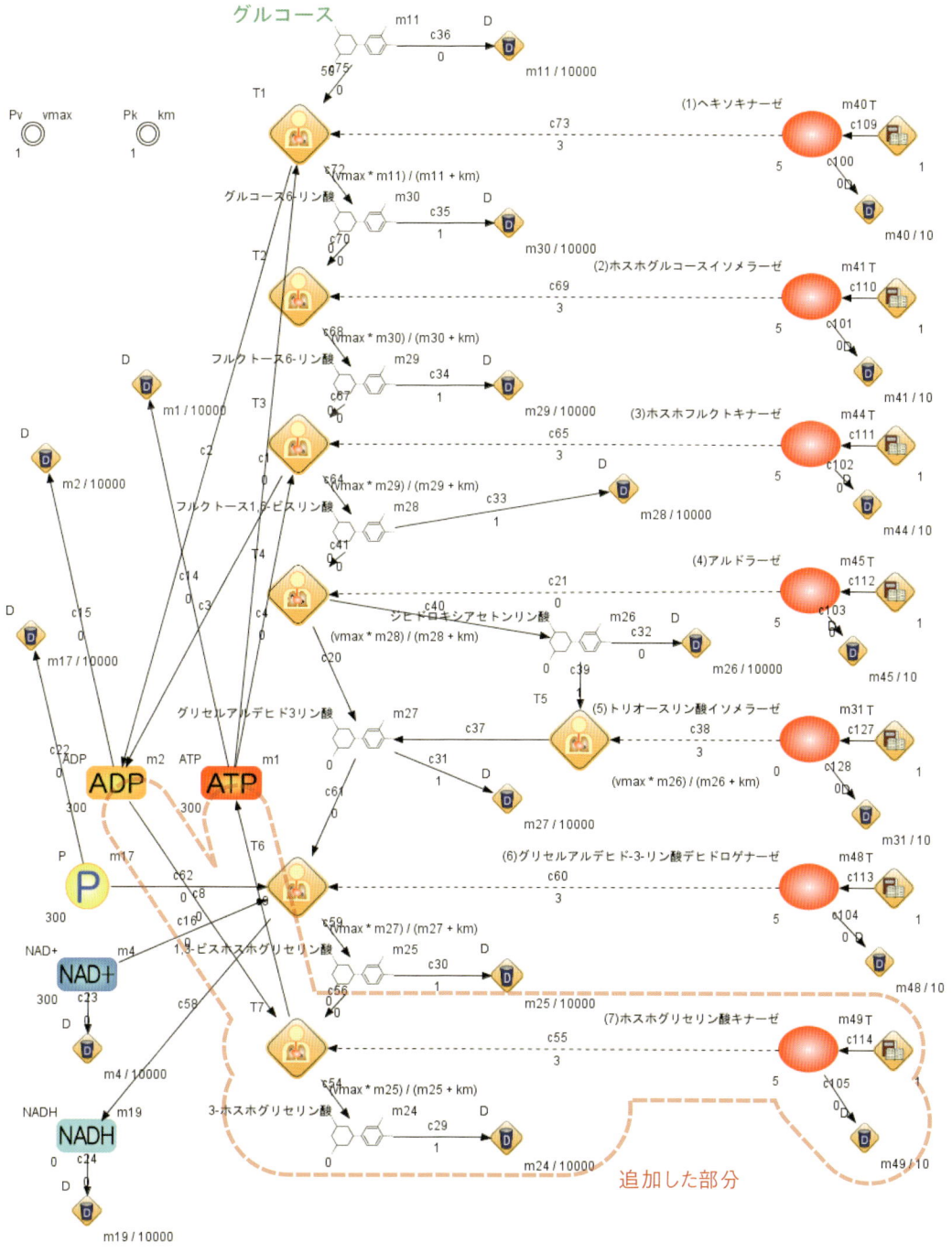

図 5.25

94　第5章　パスウェイ表現とシミュレーション

課題 5.2.7
課題 5.2.6 で描いたモデルに次の (8) の反応式を追加せよ．

$$\text{3-ホスホグリセリン酸} \rightleftharpoons \text{2-ホスホグリセリン酸}$$

課題 5.2.7 を終えると，**図 5.26** のようなモデルが作成できます．

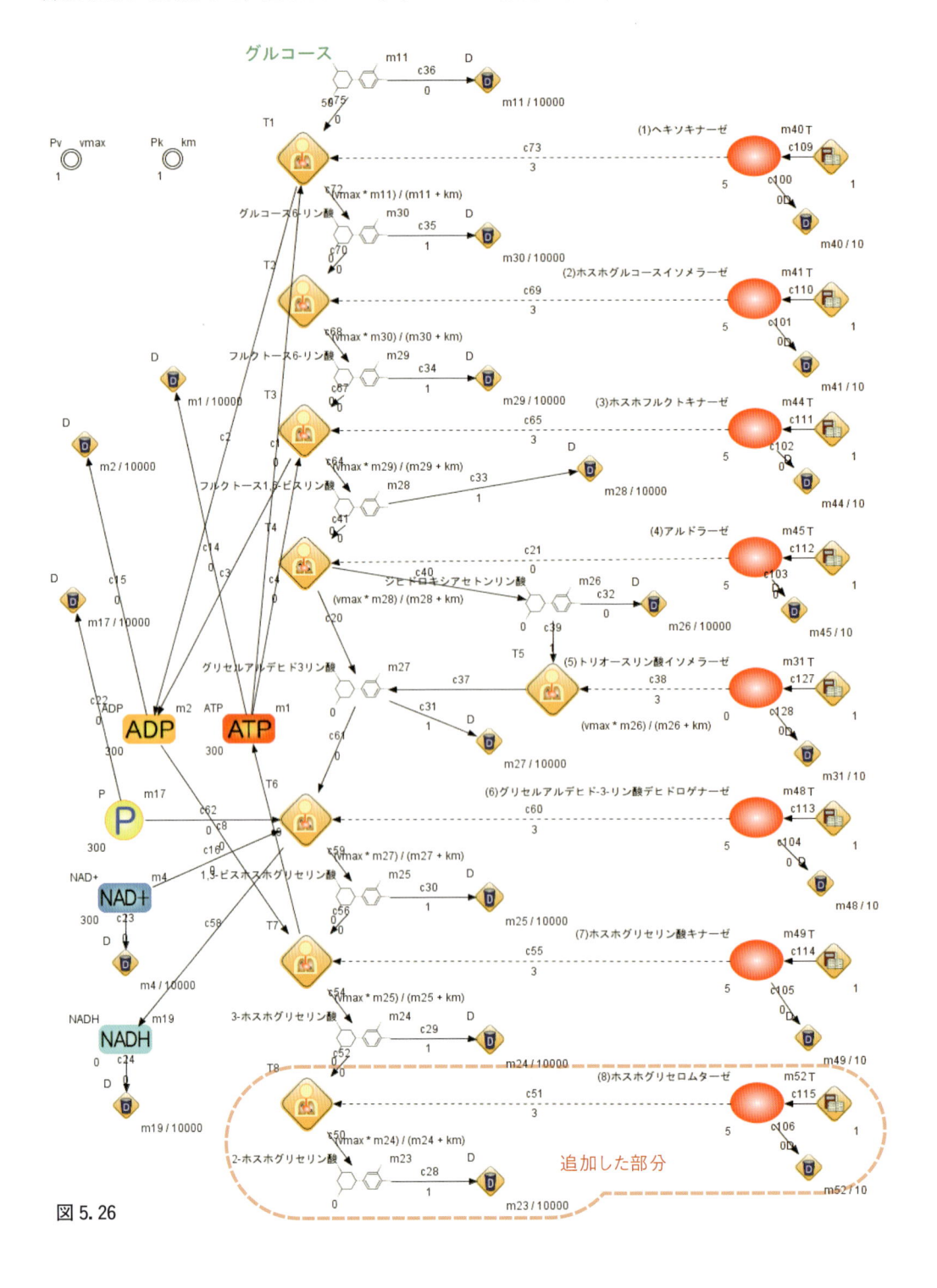

図 5.26

課題 5.2.8
課題 5.2.7 で描いたモデルに次の (9) の反応式を追加せよ．
$$\text{2-ホスホグリセリン酸} \rightleftharpoons \text{ホスホエノールピルビン酸}$$

課題 5.2.8 を終えると，**図 5.27** のようなモデルが作成できます．

課題 5.2.9
課題 5.2.8 で描いたモデルに次の (10) の反応式を追加せよ．
$$\text{ホスホエノールピルビン酸} + \text{ADP} \longrightarrow \text{ピルビン酸} + \text{ATP}$$

課題 5.2.9 を終えると，**図 5.28** のようなモデルが作成できます．

以上で，図 5.16 で示した模式図に対応するモデルが完成しました．

COLUMN 7

セルイラストレータのフォーラム（掲示板）

　この書籍の内容全般についての質問は，次のセルイラストレータ公式フォーラムに日本語で投稿することができます．

http://www.csml.org/forum/ja/

　また，セルイラストレータ自身の使い方の質問，セルイラストレータでのパスウェイのモデル化についての質問，CSML/CSO についての質問などについても同フォーラムに投稿できます．

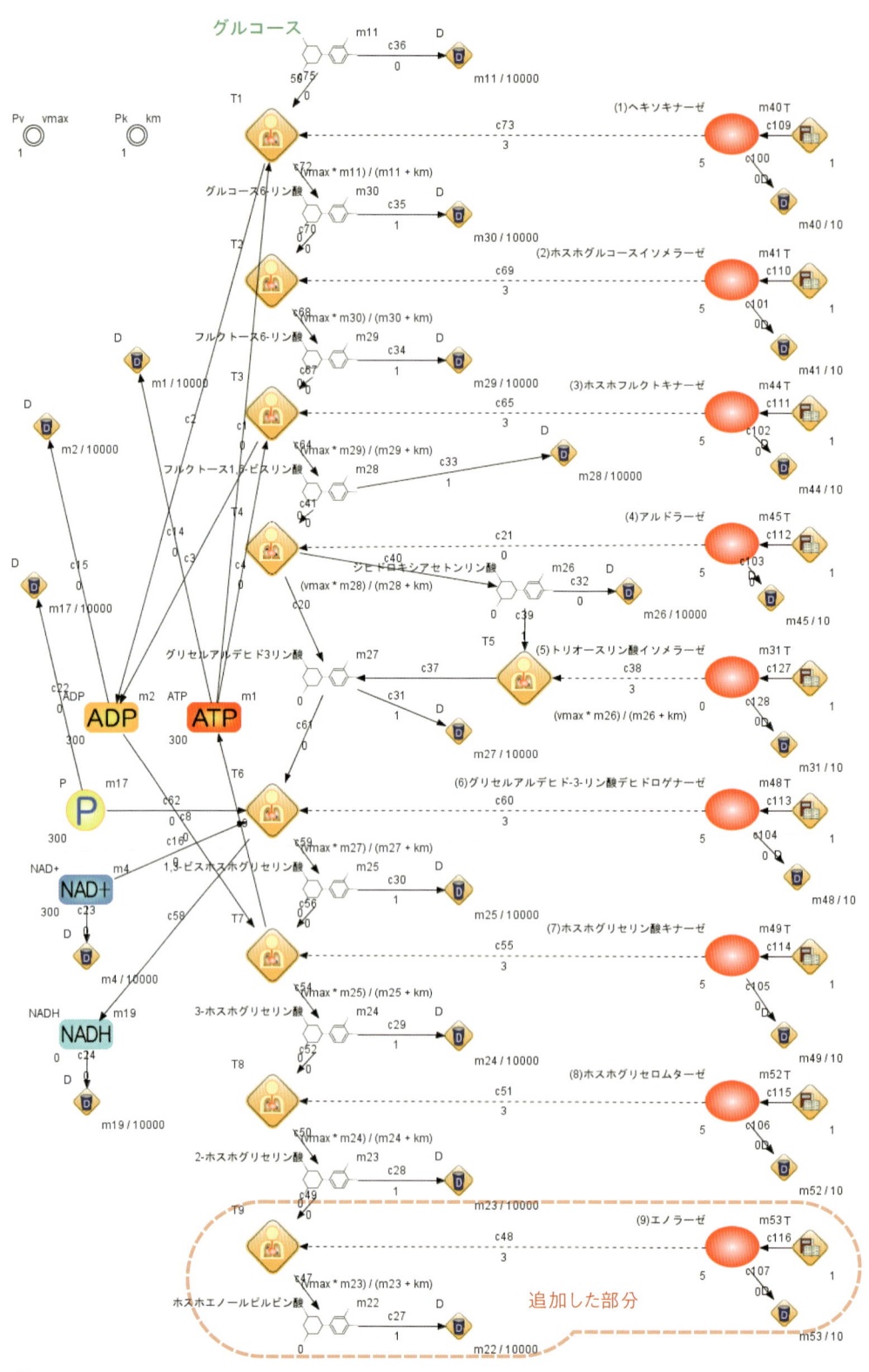

第5章 パスウェイ表現とシミュレーション

図 5.27

5.2 代謝系のモデル作り **97**

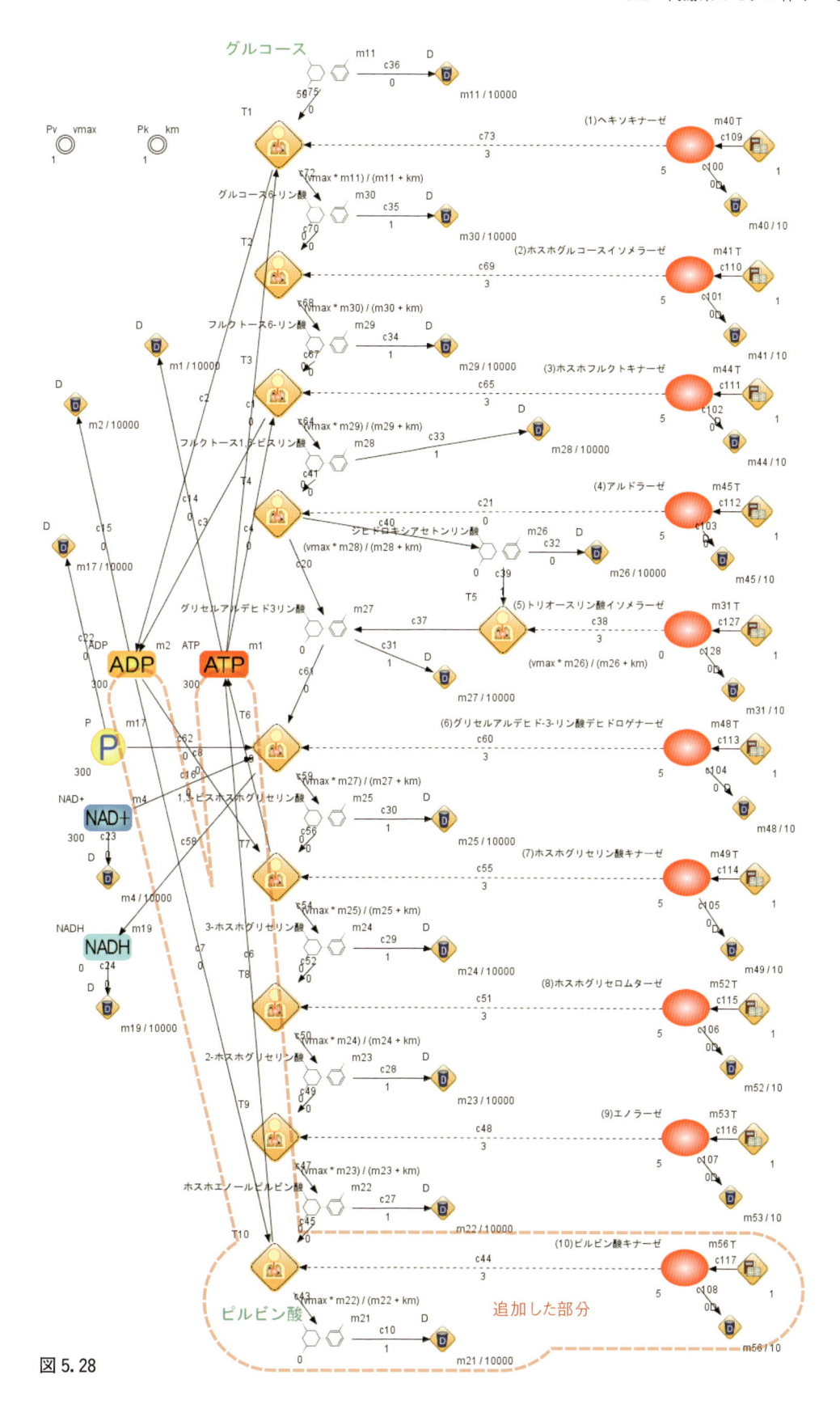

図 5.28

5.2.4 解糖のパスウェイのモデルのシミュレーション

グルコース，ピルビン酸，ADP，NAD$^+$，NADH についてのグラフを作成し，シミュレーションを行った結果が図 5.29 となります（ここではシミュレーション時間は 200[pt] が適当です）．

5.2 節のはじめで述べたように，全体のモデルは簡単に，

$$\text{グルコース} + 2\text{ADP} + 2\text{NAD}^+ \longrightarrow 2\text{ ピルビン酸} + 2\text{ATP} + 2\text{NADH}$$

の反応式で表されていました．実際，図 5.29 のグラフからもわかるように，代謝に使用されたグルコースの約 2 倍の量（≒100）のピルビン酸が産生されていることがわかります．

このように細かくモデル化を行うことで，簡単な反応式ではとらえることができない，中間生成物の生成状態や，中間生成物に関係する反応に何らかの異常が発生したときにどのような結果になるかなどを簡単にシミュレーションし，より深い理解に役立てることができます．

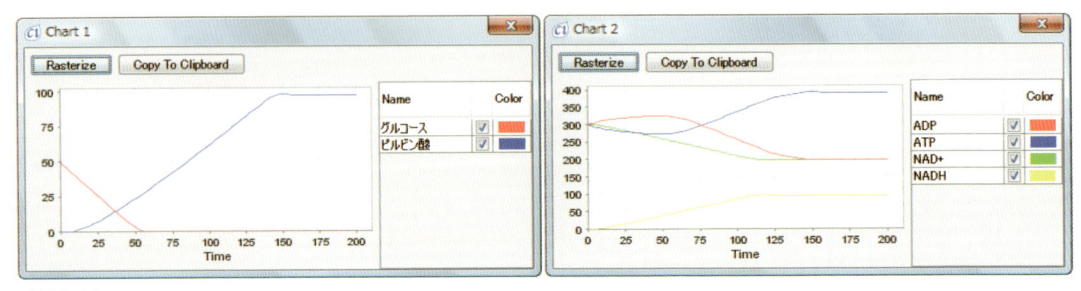

図 5.29

5.2.5 モデルの改良

前節で作成したモデルにより詳細なイベントを追加することで，現実に近いモデルに更新します．

通常生体内では，ATP が常にさまざまなイベントにより消費され ADP が蓄積されます．また，NADH から他の反応により NAD$^+$ が産生されます．さらに，他の代謝反応により ADP と NAD$^+$ が供給される反応もあります．

これらの反応を追加したモデルが図 5.30（次ページ）となります．このモデルでは，生物が定期的に食事をすることを模倣するため，一定時間ごと（ここでは 400[pt]）にグルコースを供給（ここでは 50）することにします．なお，一定時間ごとに供給するモデルにしましたので，先ほどよりも長いシミュレーション時間に設定します（ここでは 2,000[pt]）．また，それにあわせて Chart Update Interval を少し大きく（2[pt] 以上に）設定してください．

この設定のもとでシミュレーションした結果が図 5.31 となります．

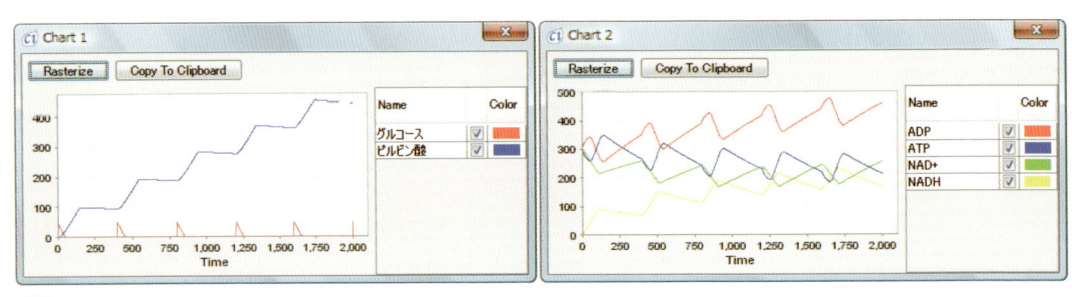

図 5.31

5.2 代謝系のモデル作り **99**

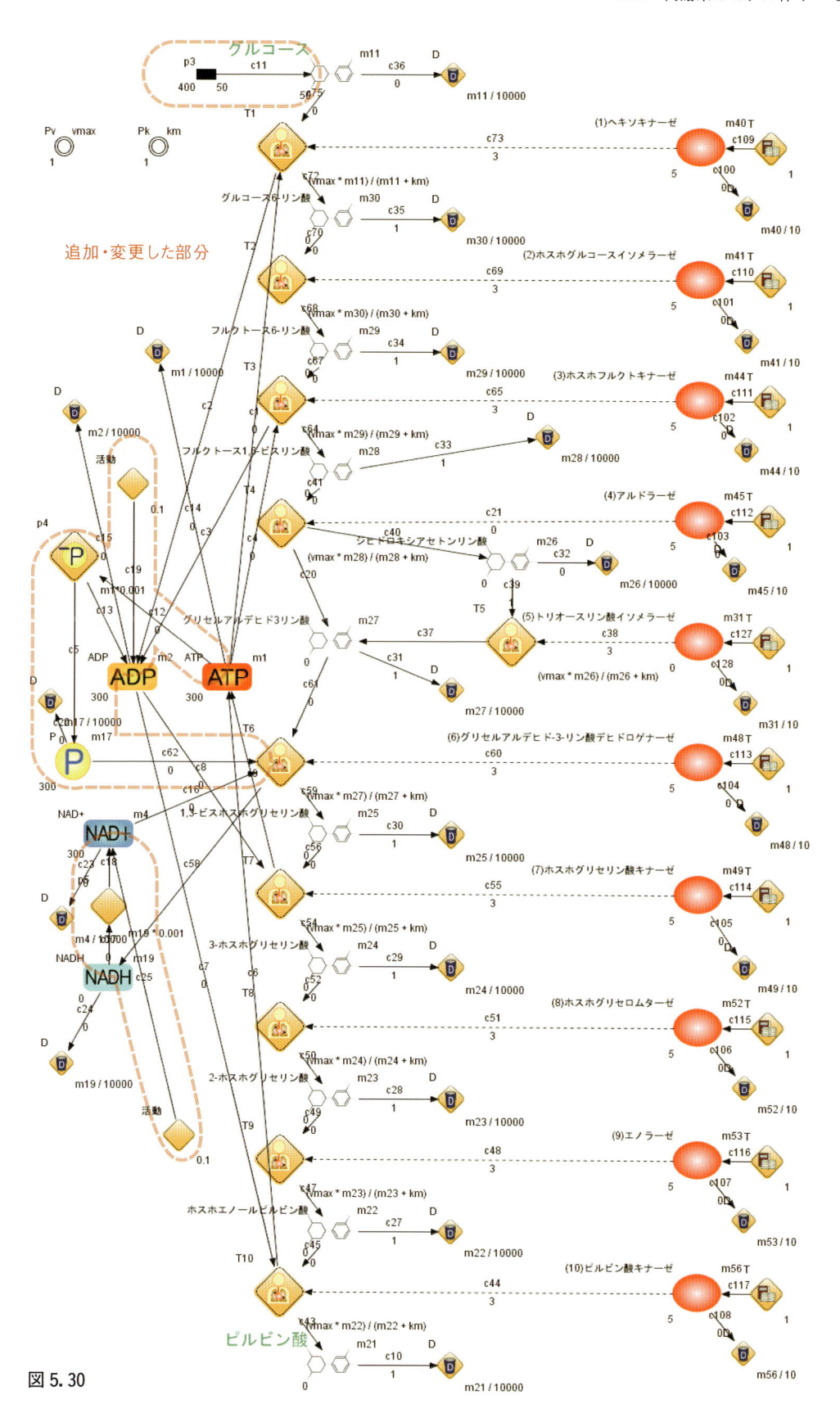

図 5.30

COLUMN 8

セルイラストレータ3.0の反応速度様式について

セルイラストレータでは7つの反応速度様式 mass, stochasticmass（stochastic mass）, stochasticlognormalmass（stochastic log normal mass）, michaelismenten（Michaelis-Menten）, connectorrate（connector rate）, connectorcustom（connector custom）, custom を指定できます．以下，それぞれの反応様式の意味とその反応に必要なパラメータについての説明を行います．エンティティが入力コネクタに接続している場合は，そのコネクタを通してエンティティから値が減らされる速度を「消費速度」，出力コネクタに接続している場合は，そのコネクタを通してエンティティに値が増やされる速度を「生産速度」とここではよぶことにします．以下の説明のため，プロセスp1は1つの出力コネクタc0とk個の入力コネクタc1, …, ckをもち，それぞれが接続しているエンティティの値をm0, m1, …, mkとします．また ci はどれかのコネクタを表すとします．

なお，通常は "mass" と "michaelismenten" の速度様式を利用することで，簡単なモデルを作成することができます．なお，それぞれの速度様式を利用した例は，付属CD-ROMのModels¥Chapter5¥kineticStyle.xml を参照してください．

mass：一般的な反応で，反応する物質の量に依存して反応が進む場合，この反応様式を指定します．

反応速度式	mass $(a, b, m1, \cdots, mk) = a \times b^k \times m1 \times \cdots \times mk$	
名前	係数の意味	初期値
Coefficient1（$=a$）	反応速度を決める係数の一つで，この値が大きいほど反応が速くなります．	0.1
Coefficient2（$=b$）	反応速度を決める係数の一つで，反応物質（エンティティ）の数が関わります．	1.0
ci Stoichiometry（$=si$）	ci にはコネクタの名前が入ります．ci が入力コネクタの場合，その消費速度は mass $(a, b, m1, \cdots, mk) \times si$ となり，出力コネクタの場合にはそのコネクタを通した生産速度になります．	1

stochasticmass：mass の反応とほぼ同じですが，反応速度に正規ノイズがはいった反応です．

反応速度式	smass $(a, b, m1, \cdots, mk) = a \times b^k \times m1 \times \cdots \times mk + \varepsilon, \varepsilon \sim N(0, \sigma)$	
名前	係数の意味	初期値
Coefficient1（$=a$）	反応速度を決める係数の一つで，この値が大きいほど反応が速くなります．	0.1
Coefficient2（$=b$）	反応速度を決める係数の一つで，反応物質（エンティティ）の数が関わります．	1.0
ci Stoichiometry（$=si$）	ci にはコネクタの名前が入ります．ci が入力コネクタの場合，その消費速度は smass $(a, b, m1, \cdots, mk) \times si$ となり，出力コネクタの場合にはそのコネクタを通した生産速度になります．	1
Standard deviation（$=\sigma$）	反応速度のばらつきを指定します．0.0を指定するとmassと同じになります．	1.0

stochasticlognormalmass：mass の反応とほぼ同じですが，反応速度に対数正規ノイズが入った反応です．

反応速度式	slogmass$(a, b, \mathrm{m1}, \cdots, \mathrm{m}k) = (a \times b^k \times \mathrm{m1} \times \cdots \times \mathrm{m}k)\exp(\varepsilon)$, $\varepsilon \sim N(0, \sigma)$	
名前	係数の意味	初期値
Coefficient1（＝a）	反応速度を決める係数の一つで，この値が大きいほど反応が速くなります．	0.1
Coefficient2（＝b）	反応速度を決める係数の一つで，反応物質（エンティティ）の数が関わります．	1.0
c_i Stoichiometry（＝s_i）	c_i にはコネクタの名前が入ります．c_i が入力コネクタの場合，その消費速度は slogmass$(a, b, \mathrm{m1}, \cdots, \mathrm{m}k) \times s_i$ となり，出力コネクタの場合にはそのコネクタを通した生産速度になります．	1
Standard deviation（＝σ）	反応速度のばらつきを指定します．0.0 を指定すると mass と同じになります．	1.0

michaelismentens：よく使われるミカエリス・メンテンの酵素反応式です．K_m と V_max の係数を指定する必要があります．この反応式を利用するには，酵素からプロセスに補助コネクタを，反応物からプロセスに通常のコネクタを 1 つずつ接続する必要があります．

名前	係数の意味	初期値
K_m	Michaelis-Menten の式の K_m 値を指定します．	0.1
V_max	Michaelis-Menten の式の V_max 値を指定します．	1.0

connectorrate：それぞれの接続されたエンティティの消費・生成速度がある速度＊各コネクタの係数に比例する場合に使用します．

名前	係数の意味	初期値
Rate（＝r）	それぞれのコネクタに接続されたエンティティの生成/消費速度のベースの値を指定します．	0.1
c_i Stoichiometry（＝s_i）	c_i にはコネクタの名前が入ります．c_i が入力コネクタの場合，そのコネクタを通した消費速度は $s_i \times r$ となり，c_i が出力コネクタの場合はそのコネクタを通した生産速度になります．	1.0

connectorcustom：それぞれの接続されたエンティティの消費・生成速度が異なる場合に使用します．

名前	係数の意味	初期値
c_i Stoichiometry（＝s_i）	c_i にはコネクタの名前が入ります．c_i が入力コネクタの場合，そのコネクタを通した消費速度は s_i となり，c_i が出力コネクタの場合はそのコネクタを通した生産速度になります．	0

custom：それぞれの接続されたエンティティの消費・生成速度がある共通の速度式で表現できる場合に使用します．

名前	係数の意味	初期値
Speed	この反応の速度になります．プロセスに接続されたプロセスコネクタの生成速度・消費速度はこの値となります．	1

5.3 遺伝子制御ネットワークのモデル作り

遺伝子制御ネットワークのモデルとして，マウスの体内時計が一連の遺伝子によってどのように制御されているかをモデルとして作成します．そして，シミュレーションにより周期現象が現れることを観察します．

5.3.1 体内時計と概日リズム

生物は時の流れを感知して活動しています．それは，生物には体内時計が存在しているからであるといわれています．一口に体内時計といっても，サーカディアン（circadian；24時間），サーカトリジンタン（circatrigintan；30日），サーカアニュアル（circannual；1年）リズムというように，その階層はさまざまです．これらの生物の時間的な周期活動は，潮汐周期，日周期，月周期，年周期などといわれるように，外部刺激（環境）の周期変化に伴うものが多いと考えられています．

この項ではさまざまな周期の体内時計のうち，とくに**概日リズム**（「がいじつ」と読みます）を作り出している遺伝子制御ネットワークのモデルを作ります．概日リズムとは，**サーカディアンリズム**ともよばれ，ラテン語でおよそ（circa）1日（dian）の周期で変動する生命現象を指します．

人間は，普通1日24時間の周期で日々の生活を送っています．仮に時刻を知るすべがまったくなく，しかも真っ暗な部屋の中で生活すると，しだいに睡眠・覚醒や食事の間隔が長くなり，やがて25時間周期に落ち着くことが知られています．このことは，私たちの体内に内因性の時計機構が存在することを示唆しています．また，この25時間の周期を**自由継続リズム**（free run rhythm）といいます．そしてこの自由継続リズムは，ヒトは25時間，ラットは24.5時間，マウスは23.5時間のように，種によって微妙に異なることも知られています．周期をもつこと，および種によって自由継続リズムが異なることは，体内時計機構が遺伝的な背景をもつことの根拠となっています．

現実の日常生活においては，1日24時間の周期で活動することから，地球の自転によって作られる1日24時間の正確な環境サイクルに，自由継続リズムを同調させているといえます．生物の自由継続リズムを24時間の環境サイクルに同調させるはたらきをもつ周期因子を環境同調因子とよびますが，そのうち最も強力な環境同調因子は太陽の光だと考えられています．

5.3.2 マウスのサーカディアンリズムの遺伝子制御ネットワーク

図5.32は，これまでに明らかになっているマウスの概日リズムにかかわる遺伝子の制御関係を表しています．この図に表されているメカニズムを簡単に説明すると次のようになります．

まず，*Bmal*遺伝子の産物であるBMALタンパク質と*Clock*遺伝子の産物であるCLOCKタンパク質は，結合してBMAL/CLOCKのヘテロ2量体（2つの異なる分子が結合したもの）になります．さらに核に移行し，*Per*，*Cry*，そして*Rev-Erb*の3つの遺伝子の転写を促進しています．

*Per*遺伝子の産物であるPERタンパク質と*Cry*遺伝子の産物であるCRYタンパク質は，結合してPER/CRYのヘテロ2量体となります．これも核に移行し，*Per*，*Cry*，*Rev-Erb*の3つの

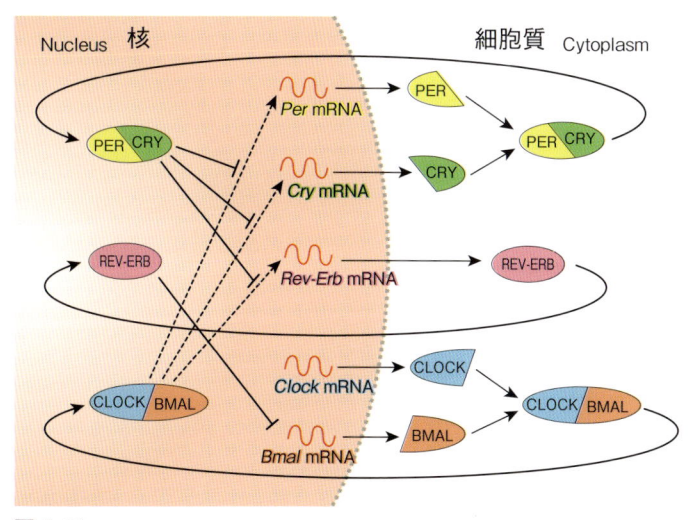

図 5.32

遺伝子の BMAL/CLOCK からの転写促進を妨げます．つまりこれは，*Per* と *Cry* 両方の自分自身の遺伝子を間接的に抑制することで，*Per* と *Cry* の負のフィードバックループを形成しているということになります．

BMAL/CLOCK からの活性を受ける *Rev-Erb* 遺伝子は，核に移行して *Bmal* 遺伝子の転写を抑制します．つまり *Rev-Erb* を経由して，*Bmal* と *Clock* は負のフィードバックループを形成していることになります．*Rev-Erb* 遺伝子は PER/CRY からの負の制御も受けており，この遺伝子は *Per-Cry* と *Bmal-Clock* の 2 つのフィードバックループを連携する役目をもっています．

このように，マウス時計遺伝子の制御機構では 2 つの負のフィードバックループが相互に関係しながらはたらいていることが知られています．

5.3.3 マウスのサーカディアンリズムのモデル化

それでは，5.1 節と 5.2 節のモデル化と同様，手順を追いながらマウスのサーカディアンリズムを作成します．図 5.32 の遺伝子の制御関係をモデルに描き込むことを目指します．

5.3.3.1 核，細胞質の配置

いまから作成するモデルでは，核内と細胞質内での制御ネットワークを扱いますので，まずキャンバス内に図 5.33 のように，核と細胞質を配置します．細胞内の核の位置・大きさはシミュレーション時に影響を与えませんが，ここでは統一して図 5.33 のように配置することにします．"Edit Parts" →[cells]→[animal_cell_nucleus] とすると便利です．

図 5. 33

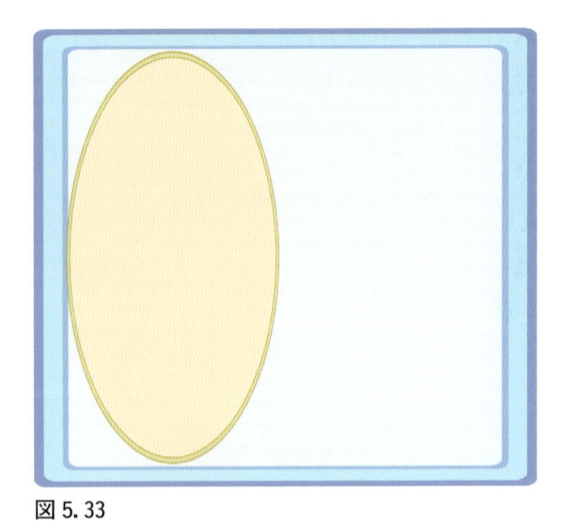

5.3.3.2 *Per* の転写と翻訳

マウスのサーカディアンリズムには *Per* 遺伝子の転写と翻訳がかかわっていることが知られています.

課題 5.3.1

Per の核内での転写のプロセス ◆ を作成せよ. ただし *Per* の mRNA を表すエンティティの絵は ⋀, 転写の速度は 1 とする.

課題 5.3.2

Per の細胞質内での翻訳のプロセス ◆ を作成せよ. ただし, PER タンパク質を表すエンティティの絵は ● とする.

課題 5.3.3

課題 5.3.2 の PER タンパク質のグラフからもわかるように, *Per* 遺伝子の翻訳の速度は *Per* の mRNA の量にかかわらず一定となっている. このモデルを修正し, *Per* の mRNA の濃度に依存して翻訳されるようにモデルを修正せよ. 具体的には mRNA の量の 5 分の 1 にせよ.

課題 5.3.3 を終えると, 図 5.34 のようなモデルができます.

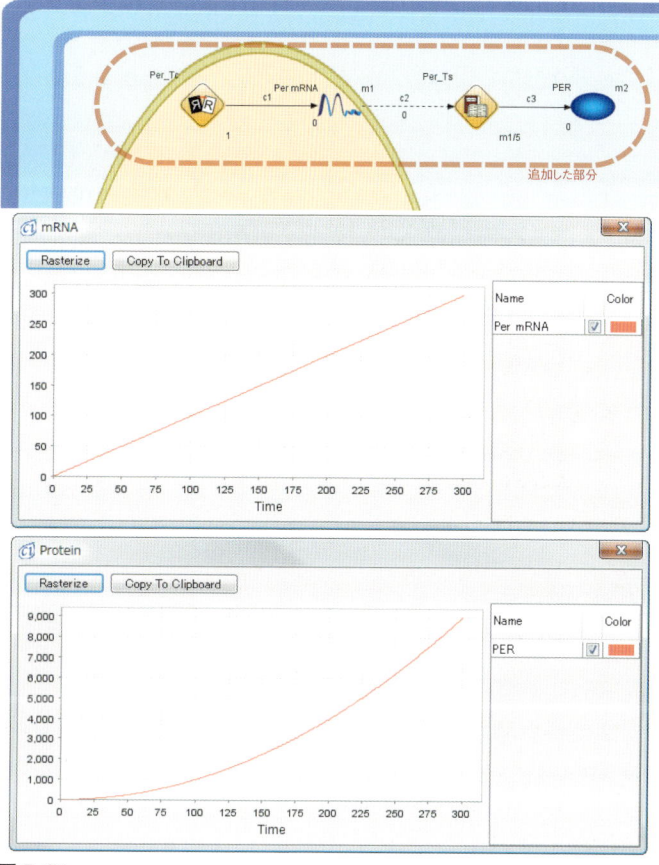

図 5.34

5.3.3.3 *Cry* の転写と翻訳

マウスのサーカディアンリズムには *Per* 遺伝子と関係して，*Cry* 遺伝子も転写，翻訳されることが知られています．なお，以後にはさまざまな色違いのエンティティを配置することになりますが，この絵には付属 CD–ROM の PrepareElements フォルダの EntitiesForCircadianModel.xml に用意されているものをコピーして使用すると，楽にモデリングが進められます．

> **課題 5.3.4**
> *Cry* の転写のプロセス を作成せよ．*Cry* の mRNA を表すエンティティの絵は ，転写の速度は 1 とする．

> **課題 5.3.5**
> *Cry* の翻訳のプロセス を作成せよ．ただし，CRY タンパク質を表すエンティティの絵は とする．

> **課題 5.3.6**
> このままでは *Cry* 遺伝子の翻訳の速度も *Cry* の mRNA の量にかかわらず一定となっている．このモデルを修正し，*Cry* の mRNA の濃度に依存して翻訳されるように，課題 5.3.3 と同じくモデルを修正せよ．

課題 5.3.6 を終えると，図 5.35 のようなモデルができます．

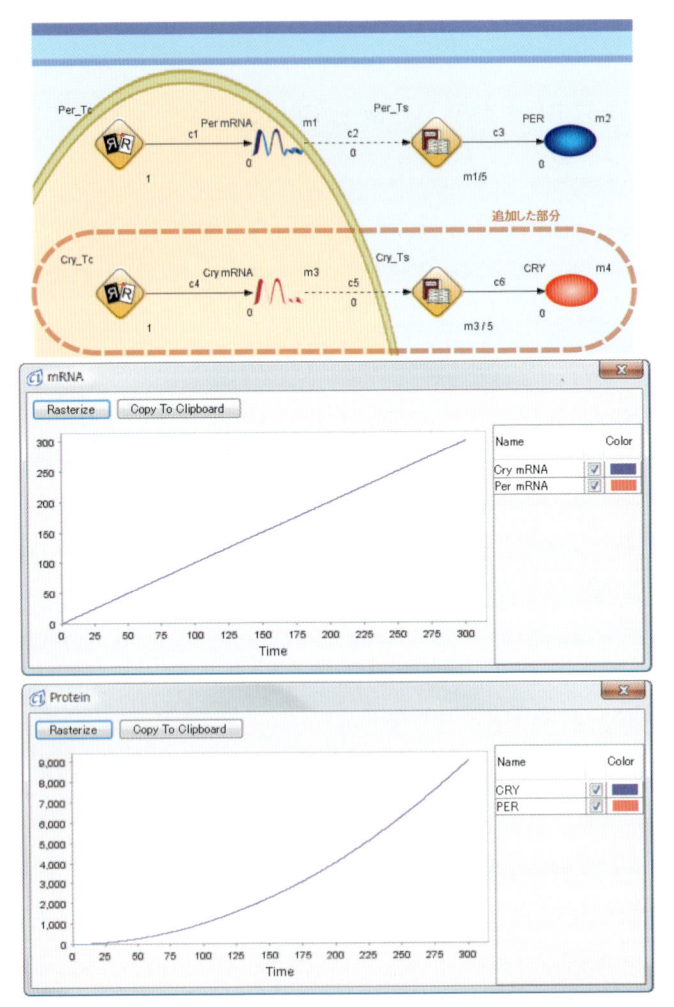

図 5.35

5.3.3.4 *Per* と *Cry* mRNA と PER と TIM タンパク質の自然崩壊

ここまでで，*Per* と *Cry* の転写から翻訳までのモデルを作成することができました．ところで，第 4 章で取り扱ったように，通常，mRNA やタンパク質は崩壊していくことが知られています．

課題 5.3.7

Per, *Cry* の mRNA と PER, CRY のタンパク質にデグラデーションのプロセスを追加せよ．なお，デグラデーションのプロセスの絵として ![D] を使用せよ．なお，その速度は，それぞれの濃度に依存するようにせよ．ただし，mRNA のデグラデーションの速度は *Per* と *Cry* ともにその濃度の 5 分の 1 とせよ．通常，タンパク質は mRNA よりも安定して存在するため，PER, CRY タンパク質のデグラデーションの速度はその濃度の 10 分の 1 とせよ．

課題 5.3.8

課題 5.3.7 で作成したモデルを実行し，*Per* と *Cry* の mRNA と PER, CRY のタンパク質の濃度が一定の値に収束することを確認せよ．

課題 5.3.8 を終えると，**図 5.36** のようなモデルができます．

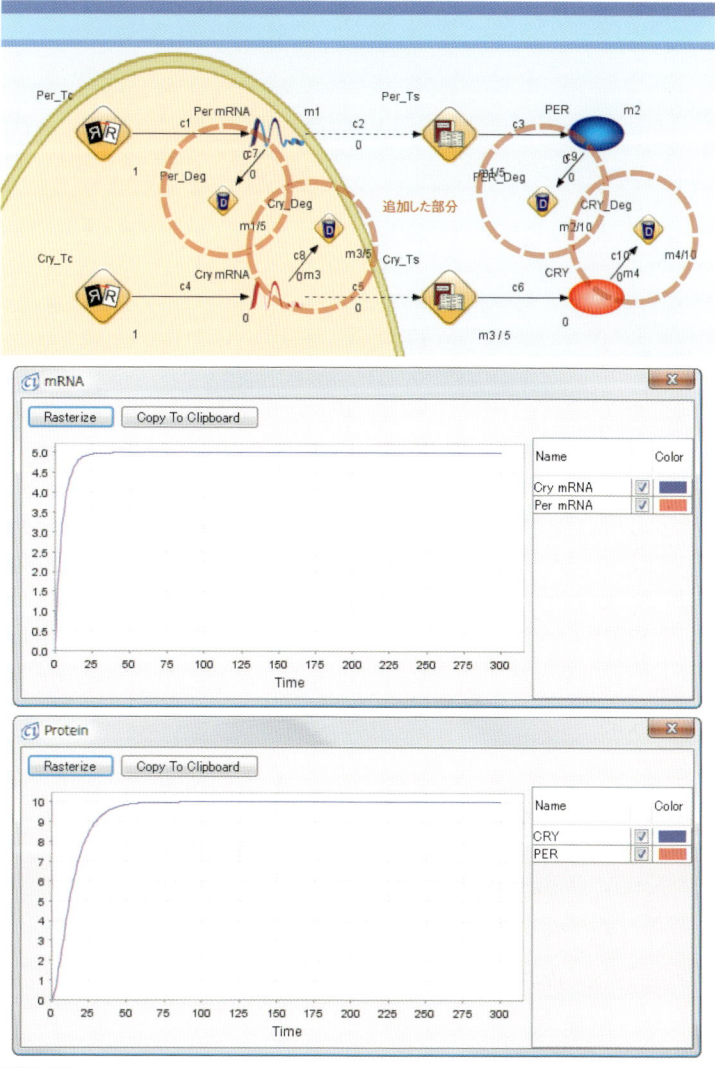

図 5.36

5.3.3.5 PER と CRY タンパク質の関係

上でモデル化した，PER タンパク質と CRY タンパク質は PER/CRY 複合体を作ることが知られています．また，PER/CRY 複合体のほうが PER, CRY タンパク質単量体よりもより安定に存在できることが知られています．

> **課題 5.3.9**
> PER タンパク質と CRY タンパク質の複合体を形成する反応をモデルに追加せよ．複合体を表すエンティティの絵として◉，複合体形成のプロセスとして◆を使用せよ．ただし，PER と CRY タンパク質の積の 10 分の 1 の速度で複合体を形成するとし，この複合体は PER や CRY タンパク質よりも安定して存在できることから，デグラデーションの速度は，より値を小さくしたその濃度の 15 分の 1 とする．

課題 5.3.9 を終えると，**図 5.37** のようなモデルができます．

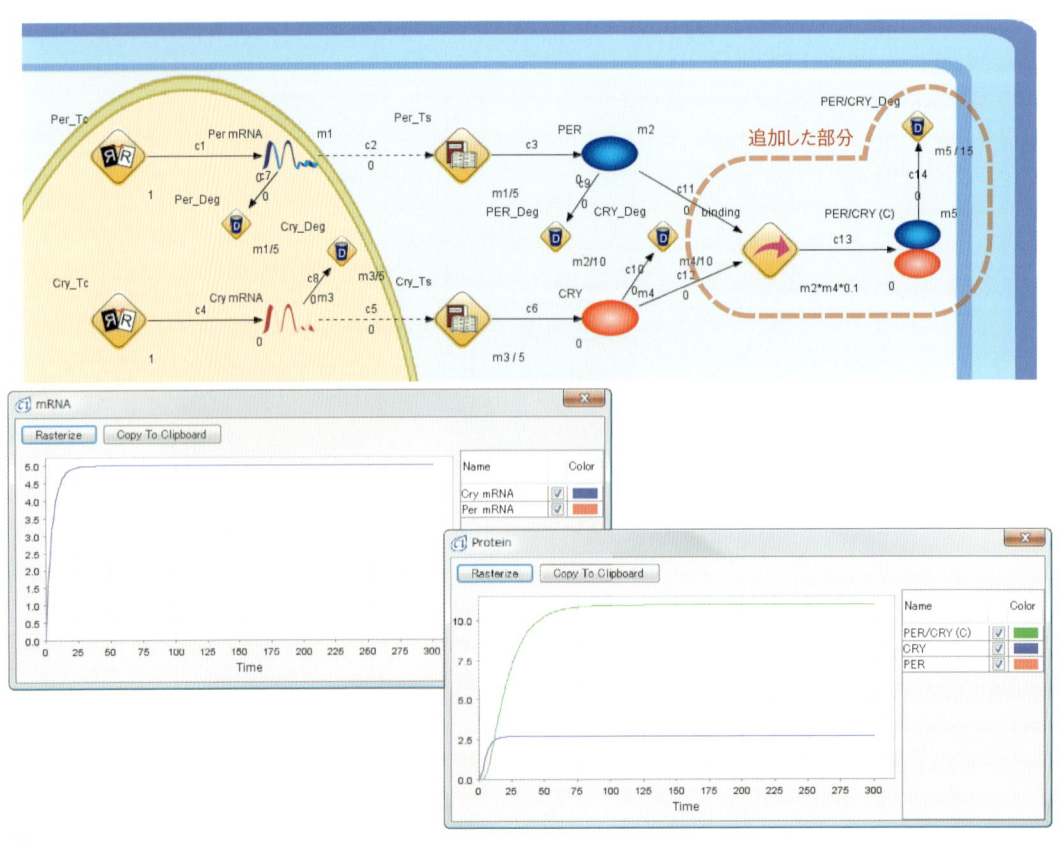

図 5.37

課題 5.3.10

細胞質内で複合体を形成した PER/CRY 複合体は核内に移行することができると考えられる．この移行のプロセス🚚をモデルに追加せよ．移行の速度は PER/CRY 複合体の量に比例するように PER/CRY 複合体の総量の 10 分の 1 とせよ．

課題 5.3.11

核内に移行した PER/CRY 複合体にもデグラデーションのプロセスを追加せよ．その速度は，PER および CRY タンパク質単量体の状態よりも安定であることを考慮し，濃度の 15 分の 1 とする．

課題 5.3.11 を終えると，図 5.38 のようなモデルができます．

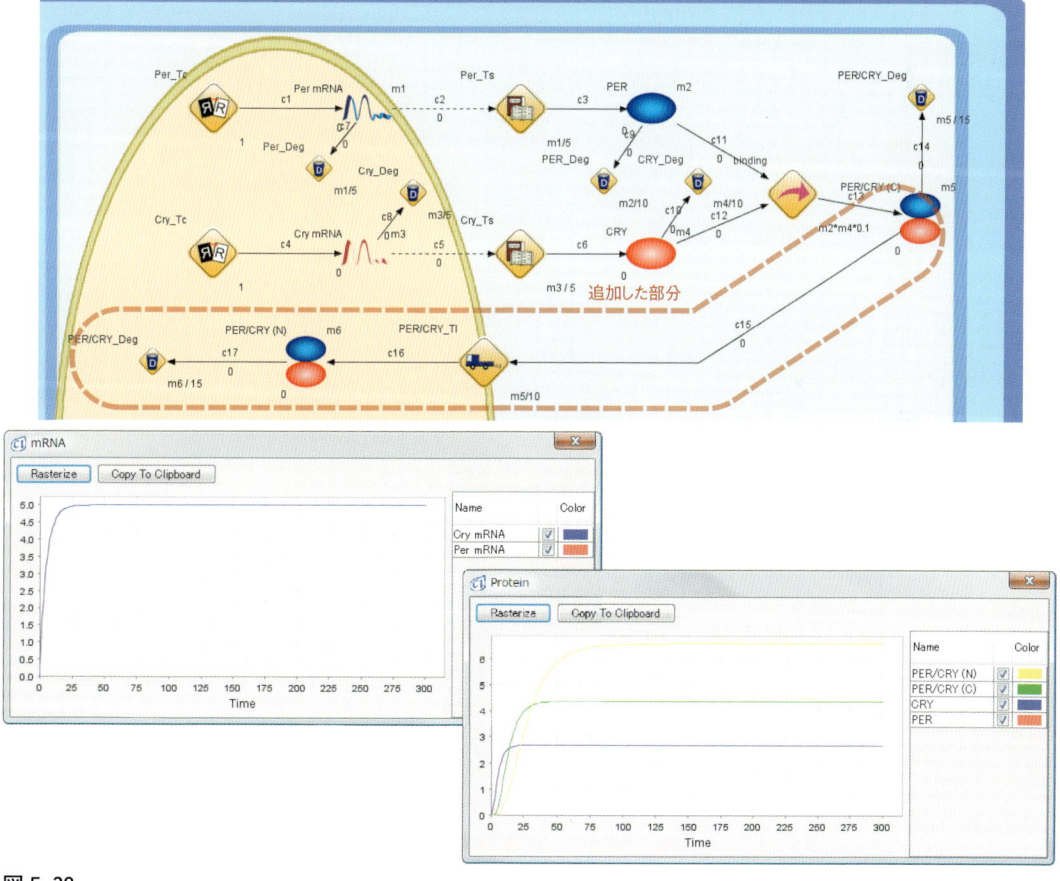

図 5.38

5.3.3.6 *Per* と *Cry* 遺伝子の負のフィードバックループ

核内に移行した PER/CRY 複合体は遺伝子 *Per* と *Cry* の両方の転写を抑制し，これらの発現を抑制することが知られています．つまり，この2つの遺伝子からなる系が負のフィードバックループを形成することになります．

> **課題 5.3.12**
> 抑止コネクタ ⊣ を用いて，核内の PER/CRY 複合体が *Per* 遺伝子と *Cry* 遺伝子の転写を抑制するようにせよ．ただし，抑止コネクタの閾値は両方とも 1.5 とする．さらにシミュレーションを実行し，*Per* mRNA の波形が振動することを確認せよ．

課題 5.3.12 を終えると，図 5.39 のようなモデルができます．

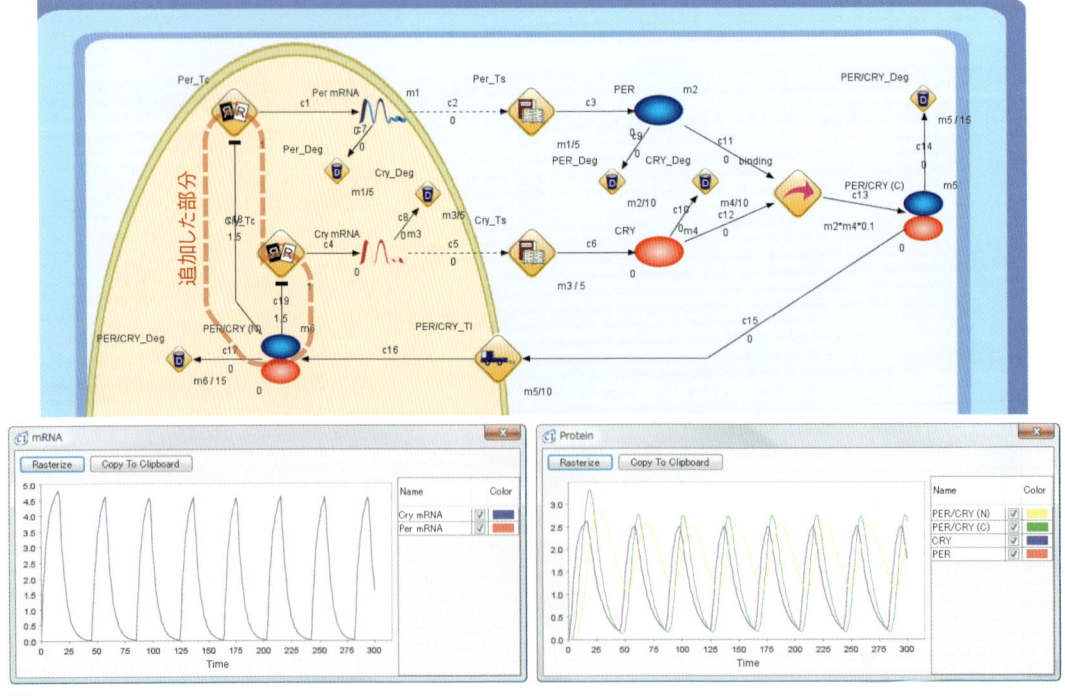

図 5.39

5.3.3.7 *Rev-Erb* 遺伝子の導入

マウスのサーカディアンリズムを制御している遺伝子ネットワークは，ここまでで作った *Per*, *Cry* 遺伝子の負のフィードバックループと *Bmal*, *Clock* 遺伝子の負のフィードバックループ（後で作成）によって構成されています．この2つのループをつなぐ役割をしているのが *Rev-Erb* 遺伝子です．

5.3 遺伝子制御ネットワークのモデル作り

課題 5.3.13

Rev-Erb mRNA に 〰 を，REV-ERB タンパク質に ● を用いて，*Rev-Erb* 遺伝子の転写／翻訳モデルを追加し，この転写が PER/CRY 複合体から抑制されるようにせよ（閾値は 1.4 にする）．各反応速度は，翻訳速度を *Rev-Erb* mRNA の濃度の 10 分の 1 にする他は，デグラデーションのプロセスも含めて *Cry* 遺伝子の系と同じにせよ．

課題 5.3.14

翻訳された REV-ERB タンパク質もまた核内に移行することがわかっている．この移行をモデルに追加せよ．なお，移行の速度は REV-ERB タンパク質の量に比例するように REV-ERB タンパク質の 10 分の 1 とせよ．核内に移行した REV-ERB タンパク質のデグラデーションの速度も同様に 10 分の 1 とする．

課題 5.3.14 を終えると，図 5.40 のようなモデルができます．

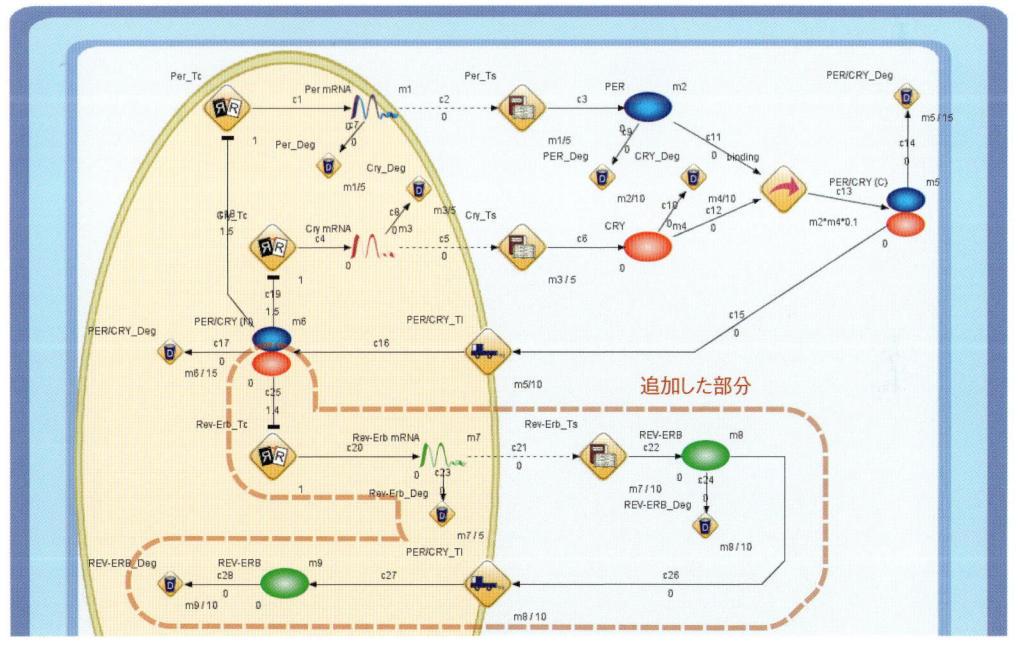

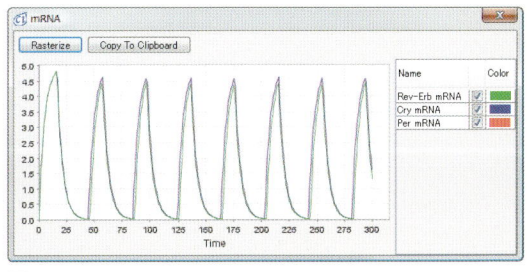

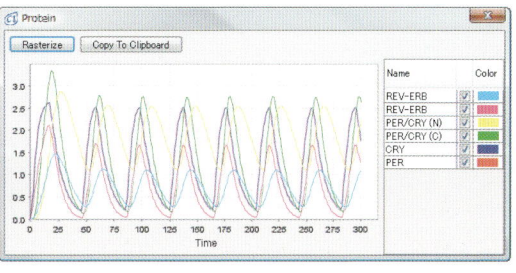

図 5.40

5.3.3.8 *Bmal* と *Clock* 遺伝子の転写と翻訳

Bmal, *Clock* 遺伝子も *Per*, *Cry* 遺伝子と同じように複合体を形成してはたらくことが知られています．また，*Bmal* 遺伝子は REV-ERB タンパク質の負の調節を受けることがわかっています．

> **課題 5.3.15**
>
> *Bmal*, *Clock* 遺伝子の転写から翻訳までの系を *Per*, *Cry* 遺伝子の例を参考にモデルに追加せよ．なお，翻訳の速度はそれぞれの mRNA の濃度に比例するように，さらに mRNA とタンパク質のデグラデーションの速度もそれぞれの濃度に比例するようにせよ（すべて *Per*, *Cry* のときと同様に設定する）．さらに，抑止コネクタを使い，REV-ERB タンパク質による *Bmal* 遺伝子の転写の抑制をモデルに組み込め．抑止コネクタの閾値は 0.8 とする．各エンティティには以下の絵を用いよ．*Bmal* mRNA ／＼＿，BMAL タンパク質 ●，*Clock* mRNA ／＼＿，CLOCK タンパク質 ● （コピー＆ペーストを活用すると比較的簡単に描くことができる）．

課題 5.3.15 を終えると，**図 5.41** のようなモデルができます．

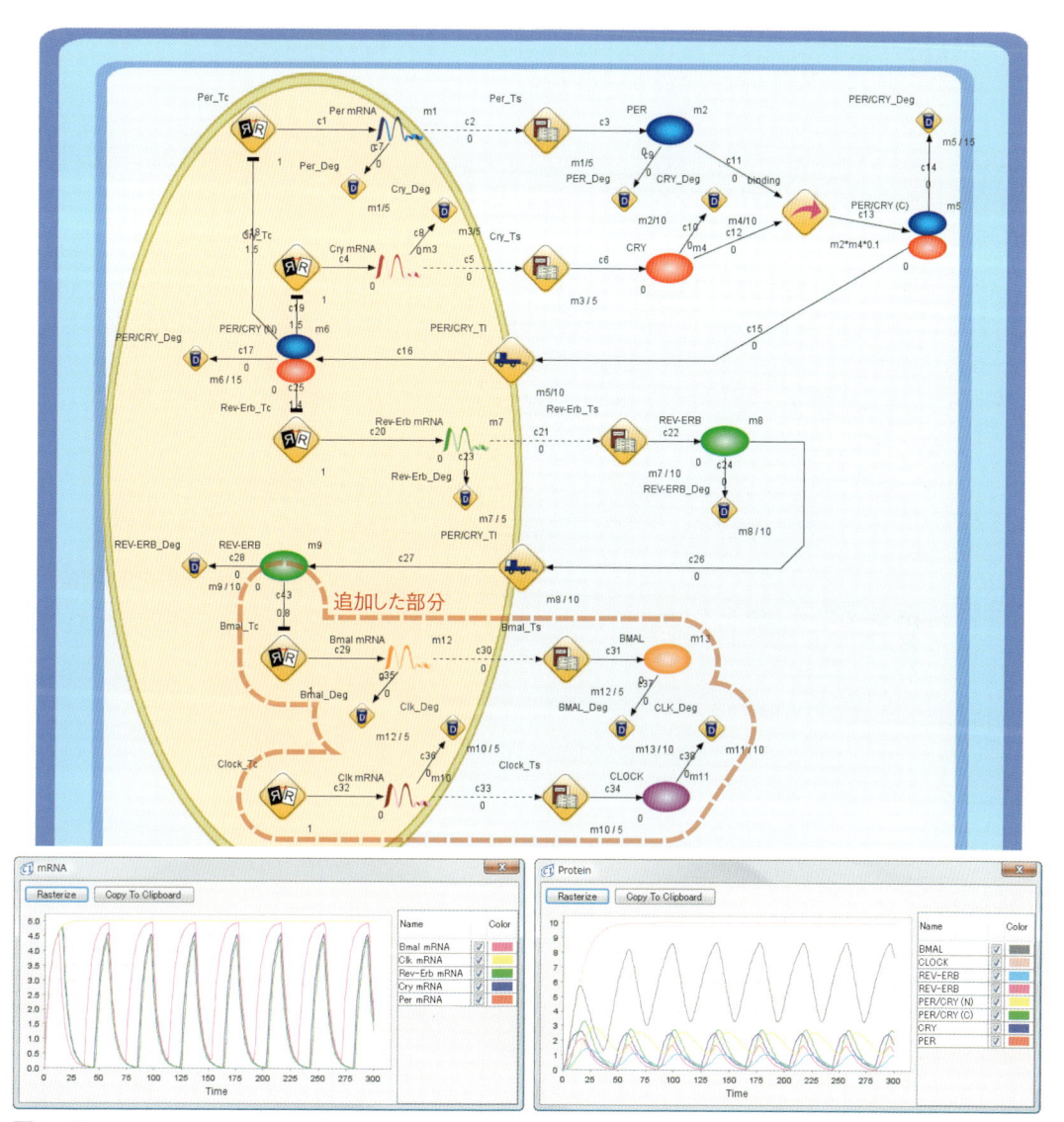

図 5.41

5.3.3.9 BMAL と CLOCK タンパク質の関係

BMAL タンパク質と CLOCK タンパク質も PER タンパク質と CRY タンパク質同様，複合体を作ることが知られています．これもまた，BMAL/CLOCK 複合体のほうが BMAL，CLOCK タンパク質単量体よりも安定であることが知られています．

> **課題 5.3.16**
> BMAL タンパク質と CLOCK タンパク質が複合体を形成する反応をモデルに追加せよ．なお，複合体の生成速度は BMAL タンパク質と CLOCK タンパク質のそれぞれの濃度の積に比例する（係数は 1/10）とし，複合体のデグラデーションの速度は複合体の濃度の 15 分の 1 とする．BMAL/CLOCK 複合体の絵には 🟠🟣 を用いよ．

課題 5.3.17

細胞質内で複合体を形成した BMAL/CLOCK 複合体は核内に移行することができると考えられる．この移行の反応をモデルに追加せよ．移行の速度やデグラデーションの速度は PER/CRY 複合体の系と同様にせよ．

課題 5.3.17 を終えると，図 5.42 のようなモデルができます．

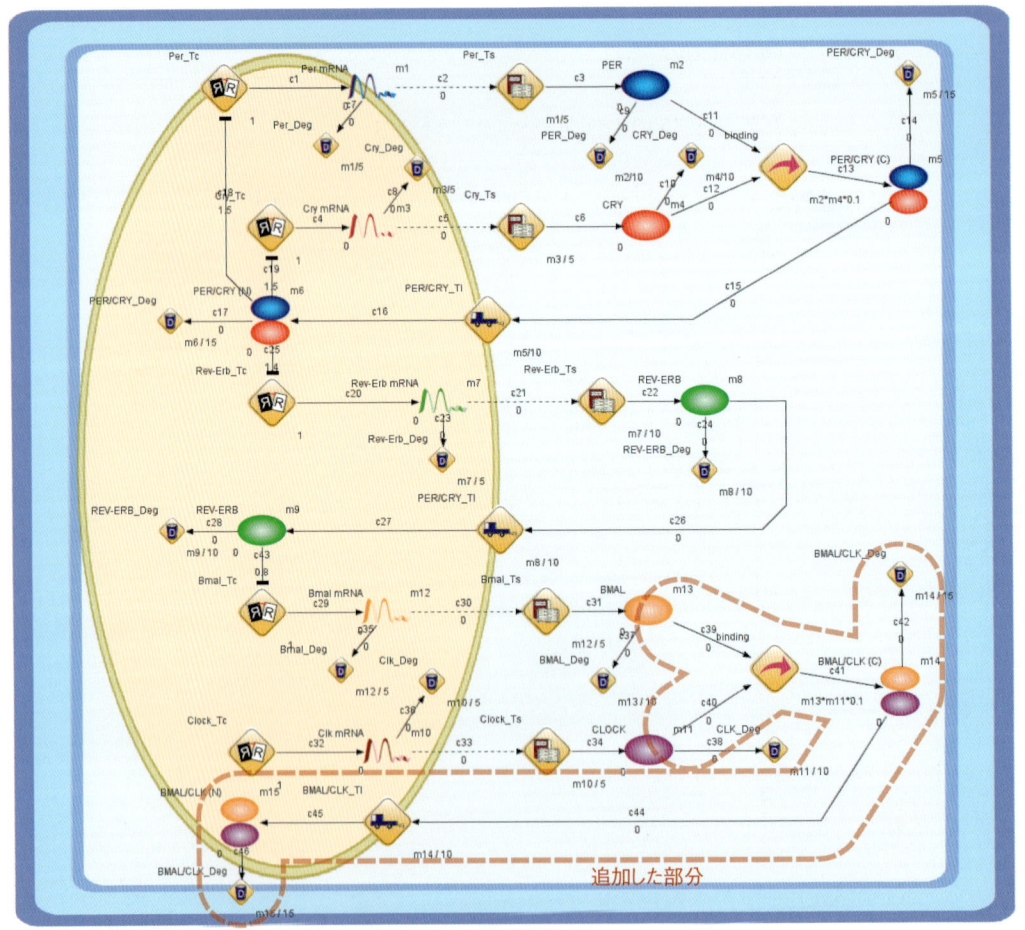

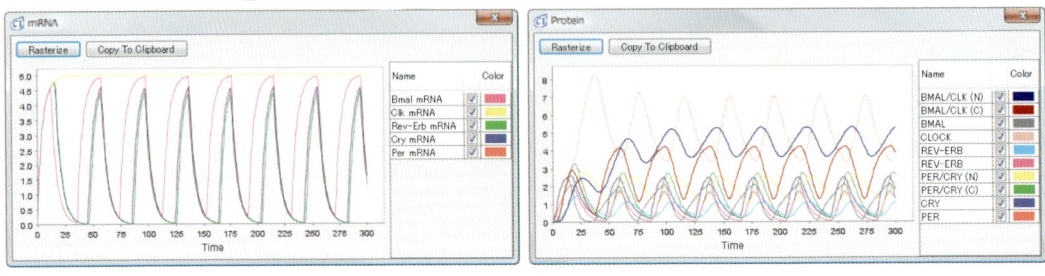

図 5.42

5.3.3.10 BMAL/CLOCK 複合体による転写促進

核内に移行した BMAL/CLOCK 複合体は，転写因子としてはたらくことが知られています．つまり，BMAL/CLOCK 複合体は *Per* 遺伝子，*Cry* 遺伝子，および *Rev-Erb* 遺伝子の上流に結合し，これら 3 つの遺伝子の転写を促進しています．

課題 5.3.18

上記で説明した事実に適合するように，核内の BMAL/CLOCK 複合体が *Per*，*Cry* および *Rev-Erb* 遺伝子の転写反応を促進するようにモデルを変更せよ（補助コネクタ ⋮ を使用）．ただし，これら 3 つの転写促進のプロセスの閾値はどれも 0.5 とする．

課題 5.3.18 を終えると，図 5.43 のようなモデルができます．

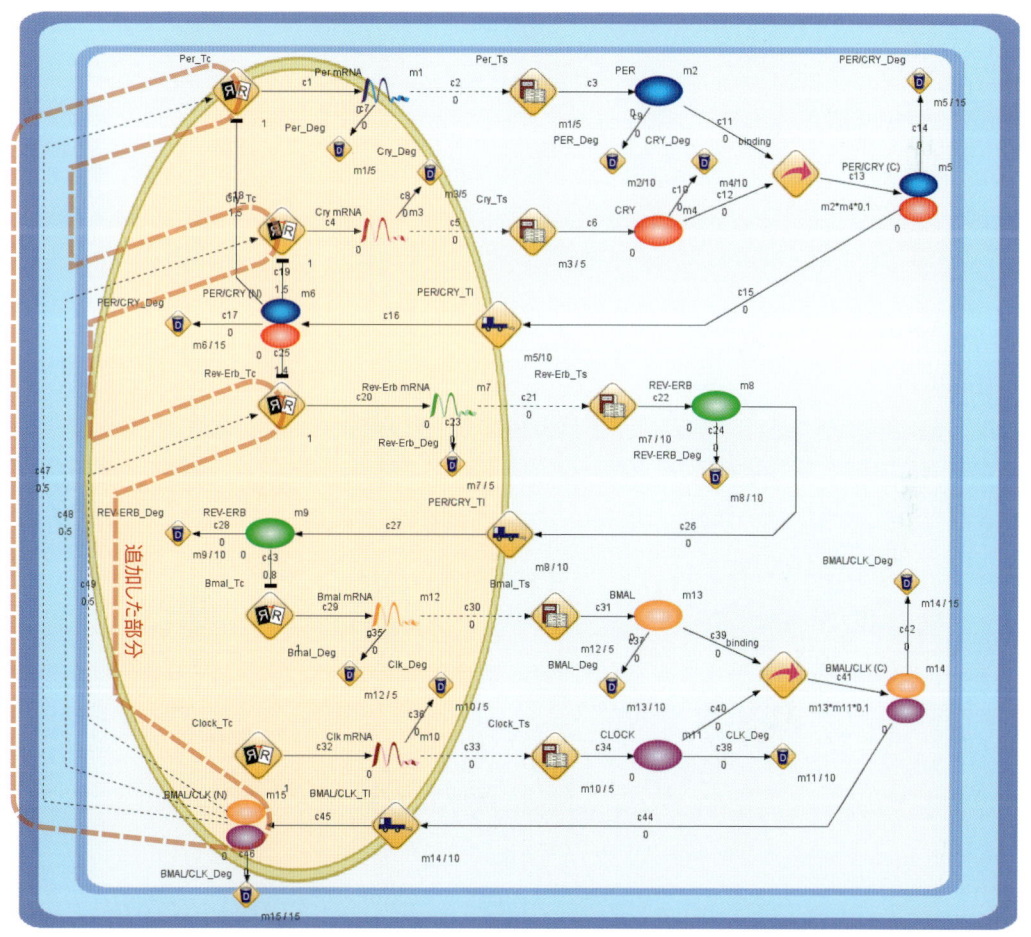

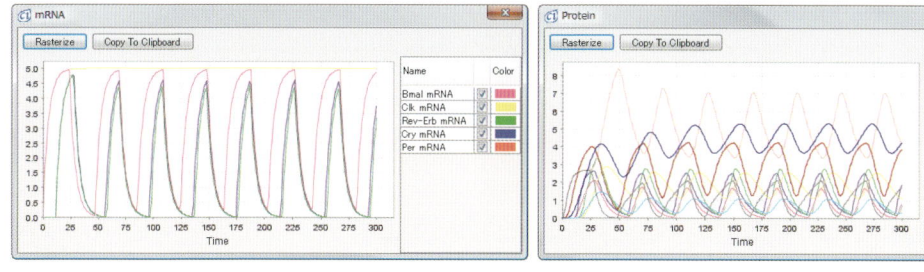

図 5.43

5.3.4 シミュレーションによる仮説の生成

ここまでで作成したモデル（図 5.43）は，既知の遺伝子制御関係の構造を描き，プロセスの反応速度やコネクタの閾値を（読者は意識していないと思いますが）ハンドチューニングで適当に決めて得たものでした．図 5.43 のシミュレーション結果はサーカディアンリズムらしく周期的な振動のグラフを示しているものの，実はこの結果には不十分な点があります．それは，*Cry* mRNA と *Bmal* mRNA の関係です．

Cry mRNA（このモデルでは *Per* mRNA もまったく同様の振る舞いをしますが，ここでは *Cry* mRNA のみを見ます）のピークと *Bmal* mRNA のピークの位置はほとんど同じです．しかし，マウス時計遺伝子の実験によって，実際の細胞中では *Bmal* mRNA のピークは *Per* mRNA のピークのほぼ中間にくることが知られているので，シミュレーション結果は生物学の事実と異なっています．

これを解決するために，PER/CRY タンパク質複合体から遺伝子 *Bmal* への促進反応があるという仮説をたてることにします．この促進反応はマウスでは未確認なものの，ショウジョウバエの時計遺伝子機構ではこれと同じ反応があることが確認されているため，やみくもな仮説ではありません（マウスの *Cry* 遺伝子と *Bmal* 遺伝子に対応するのは，それぞれショウジョウバエの *Tim* 遺伝子と *dClk* 遺伝子であるので，ショウジョウバエで確認されているのは，PER/TIM 複合体が *dClk* 遺伝子を活性化する反応です）．

課題 5.3.19
上記で説明した仮説に適合するように，核内の PER/CRY 複合体が *Bmal* 遺伝子の転写反応を促進するようにモデルを変更せよ．促進反応のプロセスの閾値は 1.6 とする．ただし，細胞内の BML/CLK 複合体の初期値を 2 とする．

課題 5.3.19 を終えると，**図 5.44** のようなモデルが作成できます．

図 5.44 のグラフは，図 5.43 のグラフに比べて *Bmal* mRNA のピークが *Cry* mRNA のピークの中央にきていることがわかります．なお，閾値の 1.6 は，核内の PER/CRY 複合体の濃度の振動の範囲内から選び出した値です．このように，プロセスの反応式やコネクタの閾値を変更するパラメータ調整を行いながら，PER/CRY 複合体から *Bmal* への促進反応を入れることで，ピークをより現実に近い位置関係に落ち着けることができました．つまり，「PER/CRY タンパク質複合体から遺伝子 *Bmal* への促進反応がある」という仮説に妥当性がないわけではないのです．

しかし，その後 *Ror* という遺伝子のはたらきが明らかになり，この遺伝子は *Bmal* 遺伝子の転写を促進しており，同時に PER/CRY 複合体によって抑制されていることが発見されました．つまり，間接的に PER/CRY が *Bmal* を抑制していることになるので，先ほどの仮説とは逆の反応となっています．それにもかかわらず，この *Ror* 遺伝子とその ROR タンパク質を導入したモデルを作ってシミュレーションを実行してみると，*Bmal* mRNA のピークを *Cry* mRNA のピークの中間に位置させることができます．これは，*Cry* mRNA（*Per* mRNA）と *Bmal* mRNA の位置関係を整えるためにはたらくという *Ror* 遺伝子の役割について，シミュレーションからの知見を与え

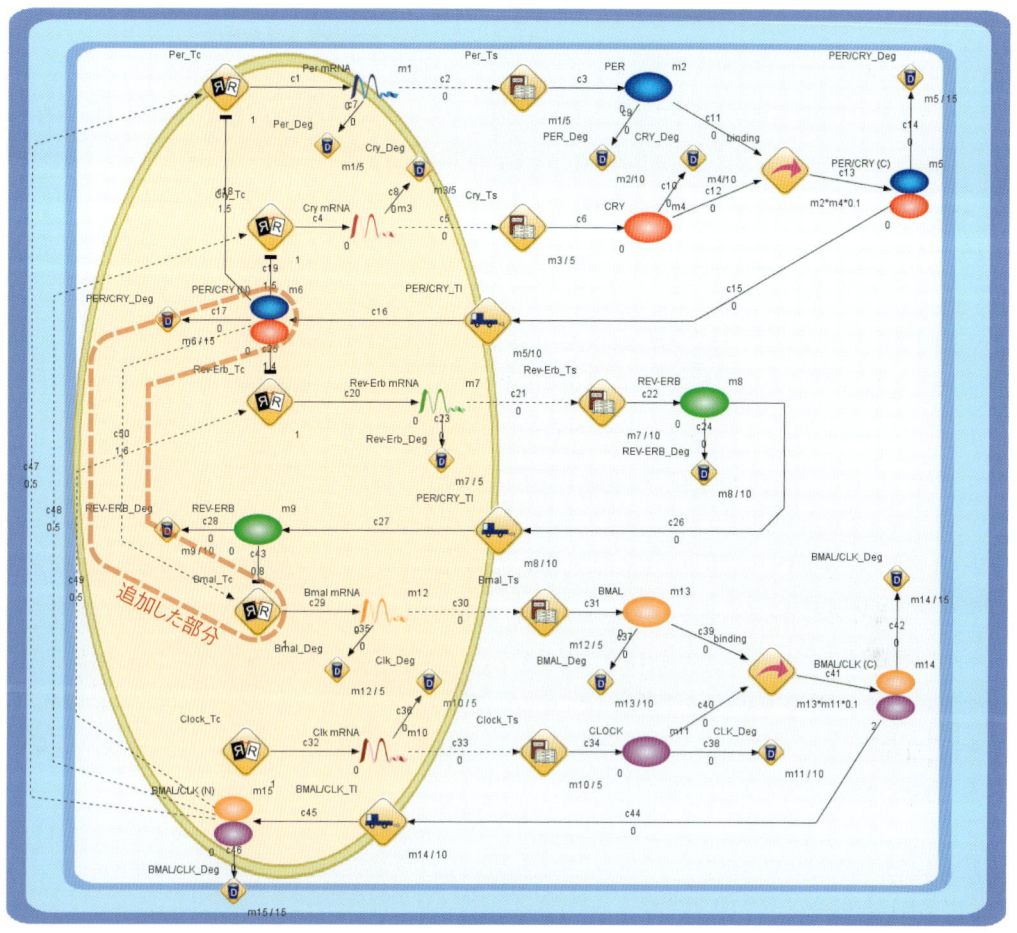

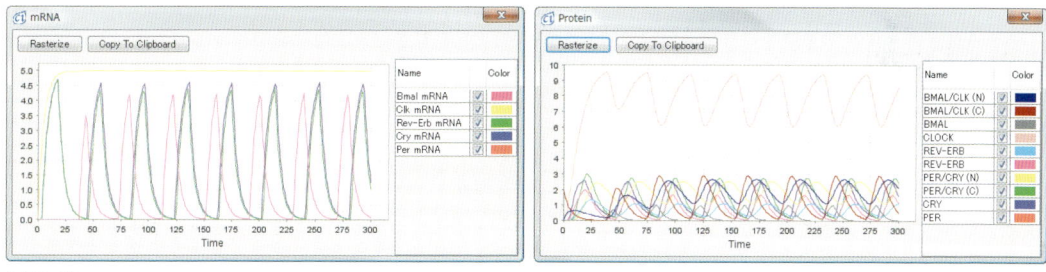

図 5.44

ていることに他ならないといえるでしょう．

　ショウジョウバエのサーカディアンリズムの話がでましたが，このモデルも同様に，生物の知識をセルイラストレータで整理していくことで作ることができます．このモデルの作り方は，基本的に，この節で行ったマウスのモデルの作り方と同じです．

　図 5.45 は，ショウジョウバエのサーカディアンリズムを制御している遺伝子とそのネットワークについての制御関係を表しています．マウスの場合と似ていますが，ちょっとした違いがあります．

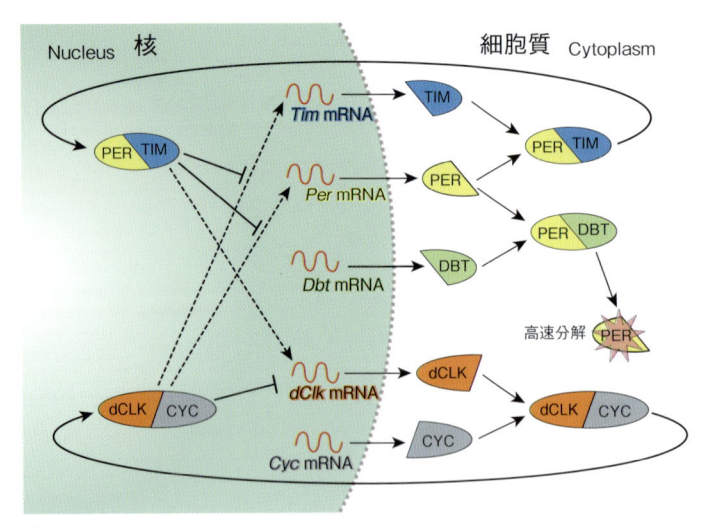

図 5.45

　ショウジョウバエの場合，*Per*，*Tim*，*dClk*，*Cyc*，*Dbt* という 5 つの遺伝子がサーカディアンリズムに関わっています．マウスの場合は，*Per*，*Cyc*，*Rev-Erb*，*Clock*，*Bmal* でした．

　ショウジョウバエの PER タンパク質と TIM タンパク質は，マウスの場合に PER と CRY が複合体を作ったように，PER/TIM というヘテロ 2 量体を作ります．TIM タンパク質は核，細胞質内ともに局在が観察できるのに対し，PER タンパク質は単量体では細胞質にあり，核には局在がみられないことが知られています．また，PER/TIM 複合体のほうが PER タンパク質，TIM タンパク質単量体よりも安定であることもマウスと同様に知られています．細胞質内で複合体を形成した PER/TIM 複合体は核内に移行することができると考えられています．

　Cyc 遺伝子と *dClk* 遺伝子は，ともに DNA 結合ドメインをもつ転写因子をコードしています．この 2 つの遺伝子はそれぞれマウスの時計 *Clock* 遺伝子と *Bmal* 遺伝子のホモログであることがわかっています．dCLK タンパク質と CYC タンパク質も PER と TIM と同様，dCLK/CYC 複合体を作り，核に移行することが知られています．マウスの場合，CLOCK タンパク質と BMAL タンパク質は CLOCK/BMAL 複合体を形成し，転写因子としてはたらきました．同様に，ショウジョウバエの dCLK/CYC 複合体も *Per* 遺伝子および *Tim* 遺伝子の転写を促進していると考えられています．さらに，dCLK/CYC 複合体が *dClk* 遺伝子自身の転写を抑制することが知られています．PER/TIM は，*dClk* 遺伝子の転写を促進することも知られています．PER/TIM のはたらきによって，核内での dCLK/CYC 複合体の *Per* 遺伝子と *Tim* 遺伝子に対する転写活性が抑制されることが知られています．なお，PER，TIM タンパク質の濃度の値が大きいときには，dCLK，CYC タンパク質の量が少ないという事実から，モデル作りでは PER，TIM タンパク質に初期値としてそれぞれ 10 を与えます．

　もう一つ，遺伝子が残っていました．*Dbt* 遺伝子です．この DBT タンパク質（double-time の略ですが）の遺伝子については，さまざまな実験から，次のことが知られています．

1) *Dbt* mRNA の産物である DBT タンパク質は PER タンパク質と物理的に結合する．
2) DBT タンパク質は PER タンパク質をリン酸化させる．

3) PER タンパク質がそのリン酸化によって不安定となり崩壊しやすくなる．
4) DBT タンパク質は細胞質に局在する．

この Dbt 遺伝子のモデルを追加することで，PER タンパク質はより細胞質内で壊れやすくなります．その結果，核内の PER/TIM 複合体の総量は減少することとなります．核内の PER/TIM 複合体のはたらきとして Per 遺伝子と Tim 遺伝子の転写を抑制するはたらきがありましたが，このはたらきが，総量が減少することで弱まることとなります．その結果，Dbt 遺伝子のモデルを追加した場合，サーカディアンリズムの 1 周期は長くなることとなります．詳細は，マウスの場合と同じですが，以上をまとめたショウジョウバエのモデルは**図 5.46** のようになります．このショウジョウバエのサーカディアンリズムの遺伝子制御ネットワークのモデルは付属 CD-ROM の中に入っています．

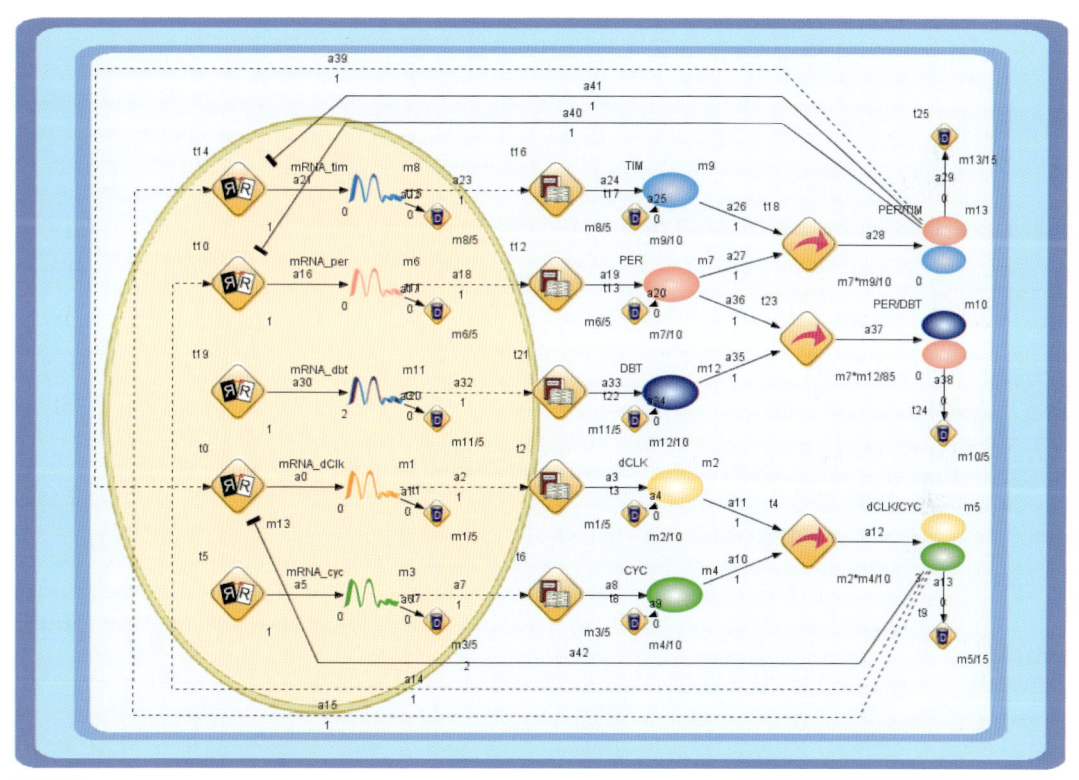

図 5.46

$Dbts$ 遺伝子（"s" は short を意味します）と $Dbtl$ 遺伝子（"l" は long を意味します）は，Dbt 遺伝子に突然変異が起こったものです．$Dbts$ 変異体は，野生型よりも歩行運動の周期が短くなり，$Dbtl$ 変異体は，歩行運動の周期が長くなります．また，$Dbts$ 変異体は Per 遺伝子の mRNA の周期が野生型よりも短くなり，$Dbtl$ 変異体は長くなることがわかっています．これは，DBT タンパク質と PER タンパク質の結合の親和性が変化するためだと考えられています．

> **課題 5.3.20**
> 図 5.46 のモデル上で実際に PER と DBT の親和性を変化させて，サーカディアンリズムの 1 周期が変化することを確認せよ．

　セルイラストレータで生成したモデルを観察することでいろいろな仮説を思いつくはずです．その仮説をセルイラストレータ上のモデルに適用し，シミュレーションすることで，パスウェイ全体としてどのような挙動をするのかを調べることができます．この挙動の特徴をとらえることで，次にどのような実験をすればその仮説を確かめられるのかがわかりやすくなる場合があります．
　Per 遺伝子の変異体である 3 種のショウジョウバエ，(i) 羽化の周期が短い PerS 変異体，(ii) 長い PerL 変異体，(iii) 無周期になる Per0 変異体が分離されました．

> **課題 5.3.21**
> 3 種の変異体は，作成したモデルでどの部分が野性株と異なると考えられるか，頭の中で仮説をたてよ．実際に，その仮説が正しいことを，作成したモデルを修正しシミュレーションすることで確認せよ．

　以上までで，作成したモデルの実行によって，時計遺伝子とその産物であるタンパク質の振動を観察することができました．また，モデルを作成することによって，事実の確認だけでなく，新たな仮説などの提唱を行うことができることを学びました．

5.4　まとめ

　第 5 章では，シグナル伝達経路のモデル化として，EGF 刺激による EGF レセプターを介したシグナル伝達経路を使い，作成したモデルに阻害剤という薬物が登場するイベントも扱いました．このモデルの下流にあるシグナル伝達を付け加えたモデル[14]や，アポトーシスのシグナル伝達経路[8]，p53 の周辺のパスウェイなどのモデル[12,13]も同様に作ることができます．代謝経路では，解糖経路という典型的な代謝パスウェイのモデルを作成しました．この代謝パスウェイを lac オペロンの遺伝子制御ネットワークなどとつなげることもできます[10]．また，解糖速度の調節は，おもに不可逆反応を触媒している酵素の活性とその濃度の変化によってなされていることと，ATP は負，AMP は正の調節因子として，これらの酵素活性を調節することが知られています．インスリンはこれらの酵素を増加させ，グルカゴンは減少させることが知られています．このような事実をモデルに追加することを考えてもいいかもしれません．遺伝子制御については，5 つの遺伝子が関係したフィードバックループが複雑に絡み合うものを取り上げました．絵に描くと簡単でも，その動作をシミュレーションなしで理解することはとてもむずかしいことも感じたと思います．さらに詳しい情報は文献[16]をみてください．遺伝子制御については，この他にもラムダファージの遺伝子スイッチのパスウェイのモデル化[6,7]や miRNA による制御ネットワークなどもモデル化されています[15]．
　興味のある読者は，次の「Cell System Markup Language (CSML)」のホームページを見てく

ださい．

http://www.csml.org/

もっと複雑なモデルが解説とともに示されています．さらに，SBML で作られたモデルや CellML で作られたモデルは，すべて自動的にセルイラストレータに変換でき，300 をこえるモデルが，このウェブページからダウンロードできます．また，セルイラストレータには BioPACS というツールが付属し，KEGG の代謝系のモデルを BRENDA というデータベースの情報を合わせて，自動的にセルイラストレータのモデルに変換できます．こうしたモデルを利用すれば，一からモデルを作成することなく，これらをセルイラストレータを使って編集することで，実験などによって得られたデータや知識に基づいて自分自身のためのシミュレーション可能なモデル作りがはじめられます．

　最後に，ペトリネットの概念によるシグナル伝達経路のモデル化の仕方については，多くの例が次の「Petri Net Pathways」というホームページに記載されています．これもセルイラストレータによるモデル作りに役立ちます．

http://genome.ib.sci.yamaguchi-u.ac.jp/~pnp/

第 6 章
いろいろなパスウェイ

第4章では生体内の反応の表現を，第5章では生体内の反応を組み合わせることでパスウェイのモデル化とシミュレーションのやり方を学習しました．第6章では，大規模な遺伝子ネットワークを視覚的に表示し解析していくための方法を紹介します．

システム的な理解の方法として，第4章と第5章では詳細なモデルを文献などの知識を統合して作りあげる方法を説明しました．その他に，大規模な計測データからパスウェイを推定する方法もあります．とくに，マイクロアレイ（DNAチップ）の技術に代表されるように，計測機器の発展によって，生体内の多数の遺伝子の発現状態（数千～数万遺伝子）を同時に計測することができるようになっています．その他にもこのような計測機器が発展し，タンパク質の相互作用，タンパク質の発現の状態，局在情報などが詳細かつ大量のデータとして計測できるようになっています．

情報科学や数理統計学の技術を組み合わせて，第5章でみた EGF 刺激前の状態や刺激後の状態を計測することで，遺伝子と遺伝子のおおまかな制御関係を推定する技術が開発されてきています．推定された制御関係は，第5章で作成したモデルよりも粗いモデルとなっていますが，遺伝子間の何らかの関係を示唆していることから，より詳細なモデルを検討するための地図のような役割を果たし，とても重要です．

この章では，セルイラストレータ（体験版）を用いて，このような遺伝子ネットワークをどのように解析することができるかを簡単に説明します．

6.1 パン酵母の遺伝子ネットワーク

　　セルイラストレータにはパン酵母の遺伝子ネットワークが付属しています（本書に付属のCD-ROMにも収録しています）．このファイルを使いながら，セルイラストレータを使って遺伝子ネットワークを解析する方法を説明します．

　　このパン酵母の遺伝子ネットワークの背景には，転写因子を含む数百種類の遺伝子についての計測データがあります．遺伝子を1つ破壊するごとにマイクロアレイという技術ですべての遺伝子の発現状態をいっぺんに計測したものです．転写因子などの遺伝子の発現を強制的に止めると，その制御を受けている遺伝子群の発現状態が変化します．さらにその変化は他の遺伝子群の発現に連鎖

的に影響を与えていきます．すなわちこの計測データは，複雑に絡みあった遺伝子間の影響関係を遺伝子の発現状態に反映したものです．

たとえ話で説明しましょう．パン酵母には約6,000の遺伝子があります．そこで，6,000の人（遺伝子）が住んでいる町（細胞）があったとしましょう．この町には会社や工場や発電施設や道路交通網や情報通信網などがあります．まさに細胞です．人びとはここでさまざまな活動をしているわけです．ある日，この町のMさんという人が突然に亡くなったとしましょう．MさんはGという会社を経営していて，この会社の運営に関するトップの指令はMさんから出ていたとします．すると，この会社で働いている人たちは指令がこないため何をすればよいかわからなくなり，会社の活動は停止し，会社は倒産します．その結果，職を失って収入がなくなる人や別の会社に転職して収入を得る人もいるでしょう．一方，Gという会社にはHという競争会社があったとします．するとH社の業績はどんどん上がっていき，そこで働いている人たちには特別にボーナスがでたりしますし，さらに多くの人を雇用するかもしれません．もし，この町のすべての人の預金口座をいつでも見る（マイクロアレイですべての遺伝子の発現量を計測する）ことができたとします．人の社会ではありえませんが，もし，特定のある人に死んでもらう（特定の遺伝子を破壊する）ことができ，その結果，だれが儲かってだれが損をするかをみること（マイクロアレイ解析）ができたとしましょう．そして，いつも町を元の状態にリセットし（死んだ人には生き返ってもらい），次に新たに死んでもらう人を指定でき，次から次に預金口座にどんな変化が起きるかを実験することができたとしましょう．パン酵母のマイクロアレイ計測データは，人間社会でたとえるとこのようなものです．もっとも，こんなひどいことはせず，「夏がとても暑かったのでエアコンがよく売れた」など，町にさまざまな「ショック」を与えたときも同じようなデータをとることができます．要するに，町というシステムに「ある人に死んでもらう」とか「夏を暑くする」といった摂動を与え，人びとの活動結果（預金口座のお金）がどのようになるかを計測するわけです．

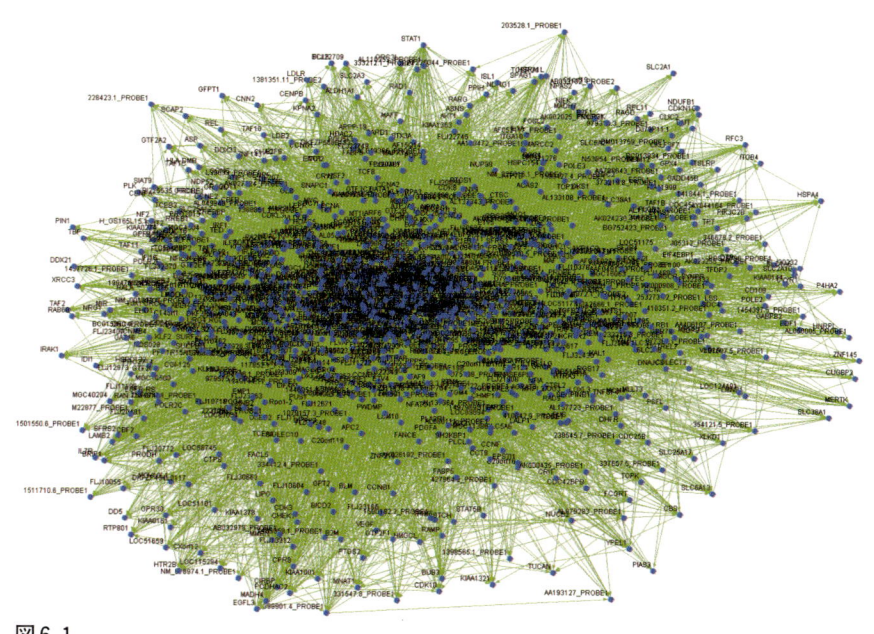

図6.1

付属しているパン酵母の遺伝子ネットワークは，数百種の遺伝子についてそれらを破壊してマイクロアレイで遺伝子の発現を計測したデータから，ベイジアンネットワークという数理的方法にもとづき，スーパーコンピュータを用いて計算した1,000個の遺伝子の関係（**図6.1**）の中から，30遺伝子を選択して作成したネットワークです．そこでは，どの遺伝子がどのような遺伝子群の影響を受けているかが有向グラフ（方向つきグラフ）で表現されています．

6.2 遺伝子ネットワークの解析方法

遺伝子ネットワーク解析のためのセルイラストレータの機能について説明します．

6.2.1 遺伝子ネットワークの表示

セルイラストレータには，詳細ネットワークモードと遺伝子ネットワークの2つのモードがあります．第4章と第5章では，詳細ネットワークモードで編集を行っていました．遺伝子ネットワークを解析するためには，もう1つの**遺伝子ネットワークモード（Gene Net Mode）** にする必要があります．図6.2のように，メニューバーから［View］→［Gene Net Mode］を選択することで切り替えることができます．その後，通常の［File］→［Open］の操作で，パン酵母の遺伝子ネットワーク（CD-ROM の Models¥Chapter6¥Yeast30repress.xml）を読み込むことができます（**図6.3**）．

6.2.2 遺伝子ネットワークのレイアウト

図6.3は円状のレイアウトとなっています．このままでは制御関係がわかりにくいので，適切なレイアウトを適用することにします．

右ツールバーの ✦ をクリックして **Optimize Layout**（レイアウト）Dialog（ダイアログ）を表示します．レイアウトダイアログの Import ボタンで，現在のキャンバスパスウェイをダイアログに読み込みます．ここで，CCL Sugiyama ボタンで，木構造に並べなおすことができます（**図6.4**）（※実行するたびにレイアウトの結果が異なります．そのため，図6.4とは完全に同じレ

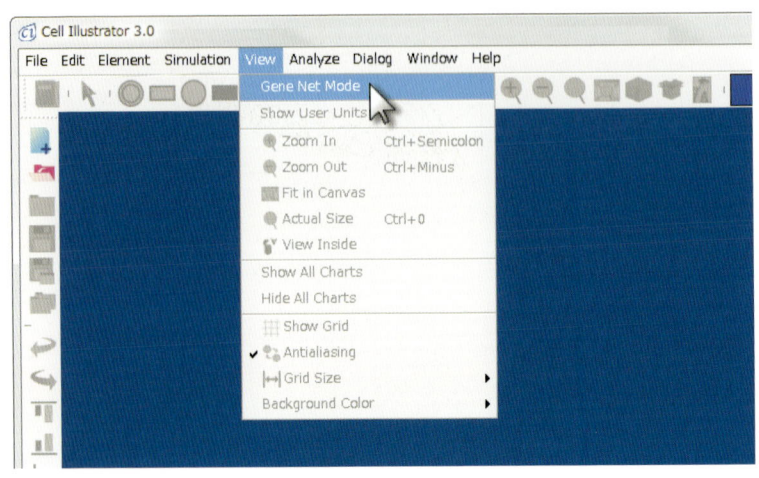

図6.2

イアウトにはなりません）．次に，Enlarge ボタンで，エレメントの間隔を広げることができます．最後に，Export ボタンを押し，レイアウトダイアログでのレイアウト結果を，キャンバスに反映することができます（図 6.5）．

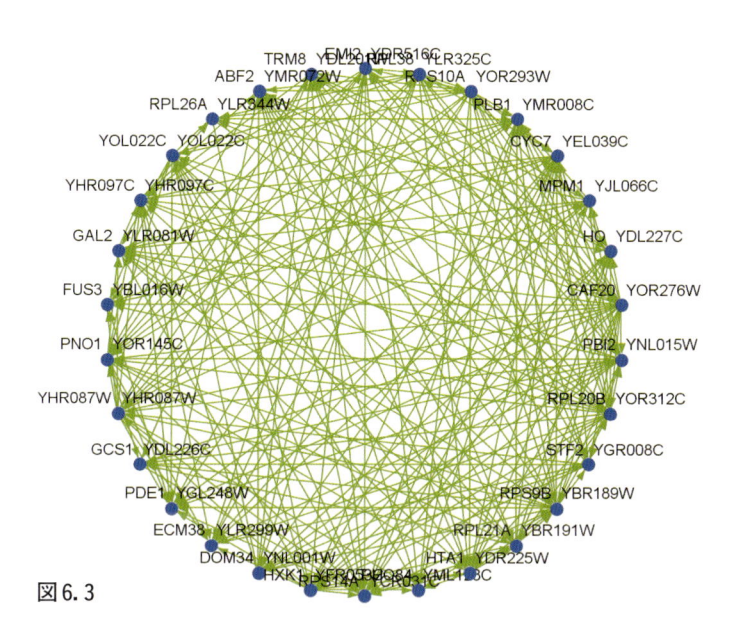

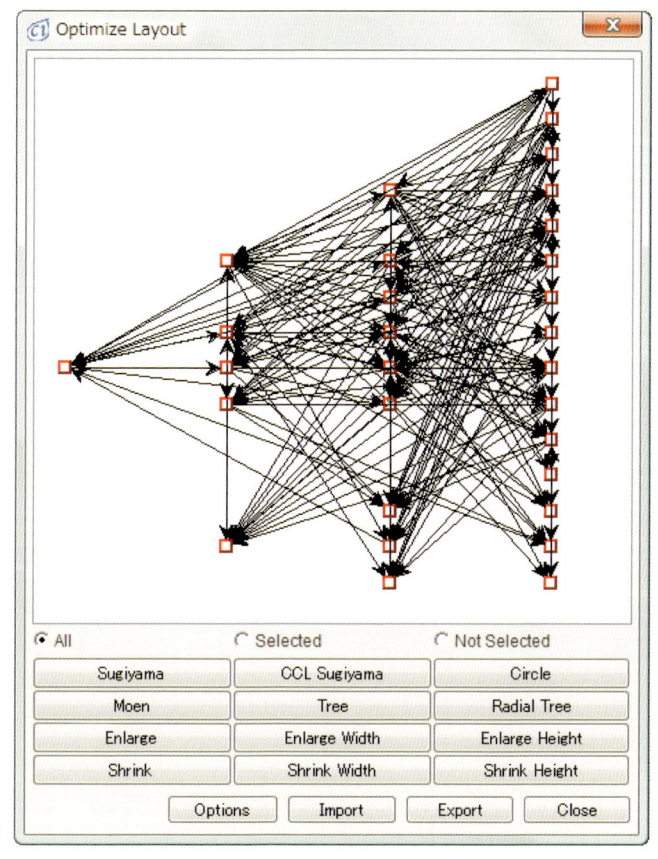

図 6.3

図 6.4

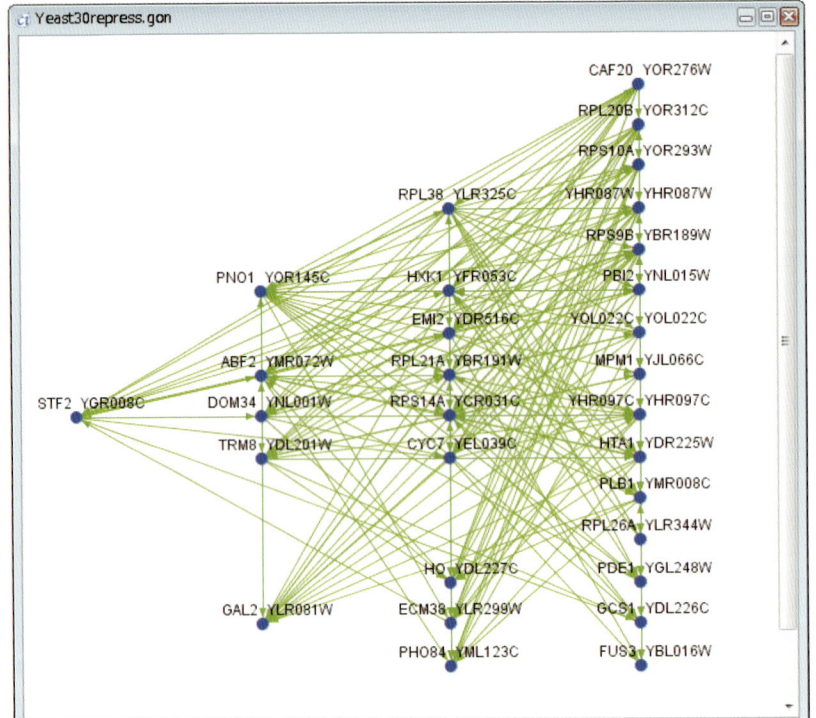

図 6.5

図 6.6

6.2.3 パス検索機能

図 6.5 では，ある程度レイアウトがきれいに表示されるようになっていますが，まだ制御関係が多く表れているため全体図を把握することが困難です．そこで，サブネットワーク（パスウェイの一部）を検索する機能を使用します．

右ツールバーの ![] によって，**Path Search**（パス検索）Dialog（ダイアログ）が表示されます．

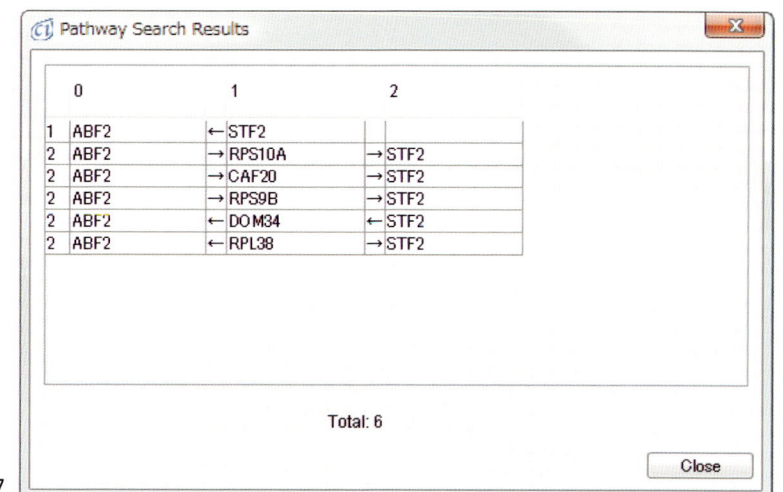

図 6.7

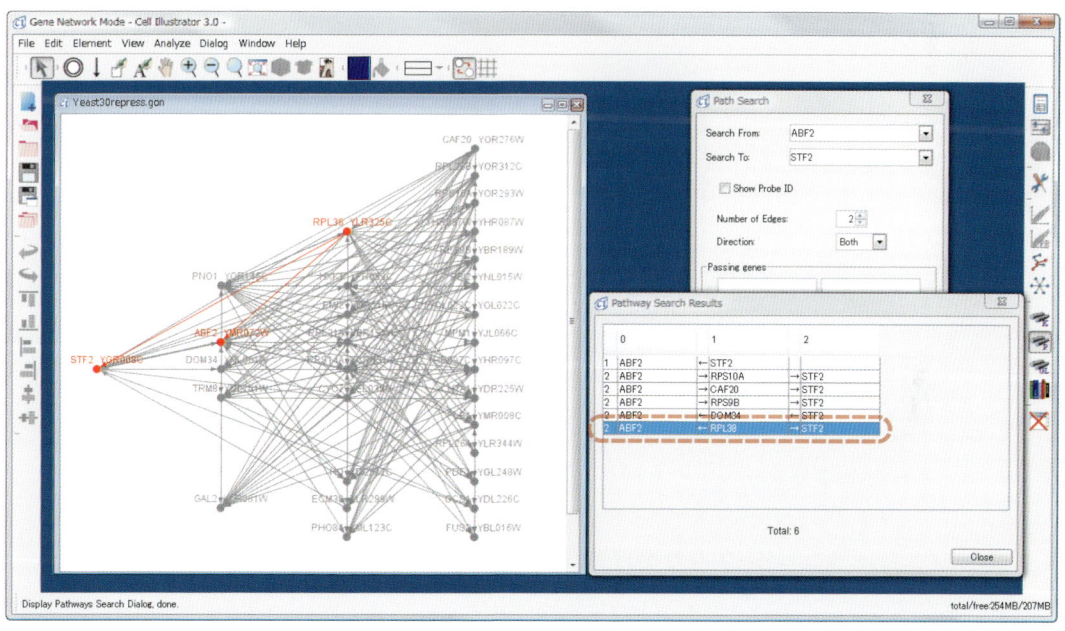

図 6.8

そこに図6.6のように入力して，Executeを押します．ここでは，ABF2とSTF2の間に2つ以内のエッジに方向を考えないパスが存在するかを検索しています．すると，図6.7のような**Pathway Search Result（パスウェイ検索結果）**Dialog（ダイアログ）に6つの条件に該当するサブネットワークが表示されます．

パスウェイ検索結果ダイアログで1つ1つの行を選択すると，図6.8のようにキャンバス上でその経路が赤くハイライト表示されます．複数の行を選択する（ShiftキーやCtrlキーを併用します）ことで，統合したサブネットワークを表示することもできます．

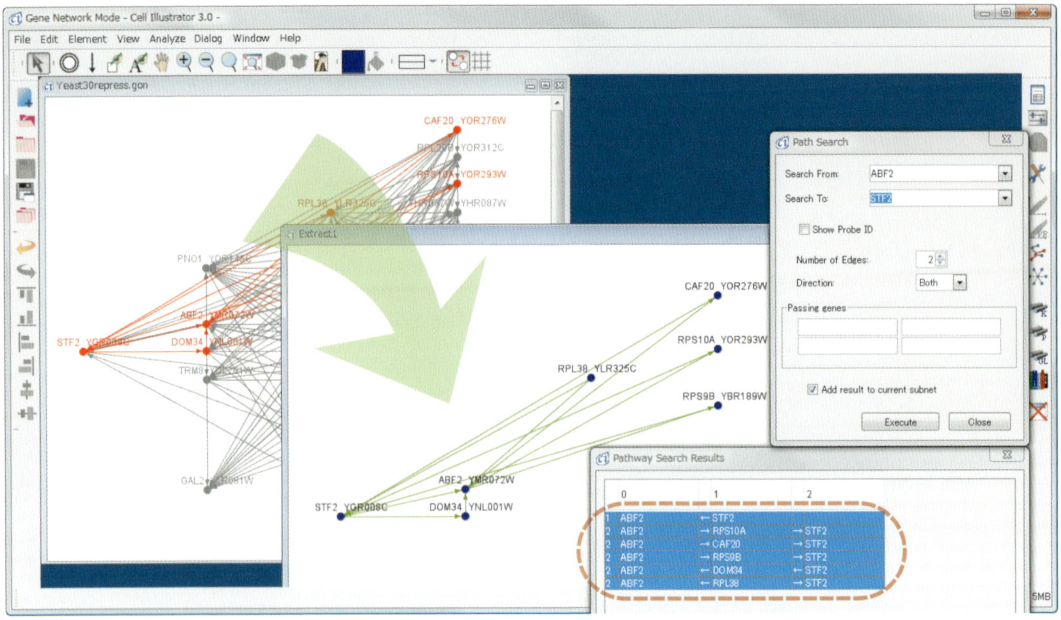

図6.9

6.2.4 サブネットワーク抽出機能

6.2.3項で検索したサブネットワークを新しいキャンバスに抽出することができます．メニューバーから［Analyze］→［Extract Subnet］を選択することで，**図6.9**のようなサブネットワークが抽出できます．このネットワークを保存することで興味のあるサブネットワークのみをいつでも再利用することができます．6.2.5項で利用するために，抽出したサブネットワークをメニューバーの［File］→［Save As］などを利用して保存します（ここではExtract1.xmlとします．このサブネットワークをP1とよびます）．

6.2.5 2つのサブネットワークの比較

さまざまな条件で抽出したサブネットワークを比較することで，どのような遺伝子が共通して制御を受けているか，また受けていないかなどを把握することができます．たとえば，EGF刺激前とEGF刺激後でどのような遺伝子の制御関係が変化したかなどを把握することで，EGF特異的な制御を見つけることができます．

ここでは，6.2.4項で作成したABF2とSTF2の間の方向を考えないサブネットワークP1と，STF2からABF2にのみ方向をもつサブネットワーク（P2）を**表6.1**の4種類の方法を用いて比較することにします．

まず，6.2.4項で検索したサブネットワークが赤く反転したままですので，その選択状態を解除します．メニューの［Analyze］→［Clear Subnet］を選択することで解除できます．次に，サブネットワークP2を図6.6の検索オプションのDirectionのみをReverseに変更して検索することで抽出します（**図6.10**）．このオプションに変更することで，STF2からABF2にのみ方向をもつサ

表6.1

番号	比較方法	説明
1	P1\P2	P1のサブネットワークからP2に含まれるサブネットワークを引いたネットワーク．例の場合は，ABF2とSTF2のネットワークのうち，STF2からABF2への順方向の経路を除いたサブネットワーク（図6.11左上）．
2	P2\P1	P2のサブネットワークからP1に含まれるサブネットワークを引いたネットワーク．例の場合は，ABF2とSTF2への順方向の経路から，ABF2とSTF2のネットワークを除いたサブネットワークとなるので，空集合（＝ϕ）となる（図6.11右上）
3	P1∩P2	P1のサブネットワークとP2に含まれるサブネットワークとの共通サブネットワーク．例の場合は，ABF2とSTF2への順方向の経路と，ABF2とSTF2のネットワークとの共通部分なので，ABF2とSTF2への順方向の経路（＝P2）となる（図6.11左中）．
4	P1∪P2	P1のサブネットワークとP2に含まれるサブネットワークとを結合したサブネットワーク．例の場合は，ABF2とSTF2への順方向の経路と，ABF2とSTF2のネットワークとを結合したネットワークなので，ABF2とSTF2への順方向の経路（＝P1）となる（図6.11右中）．

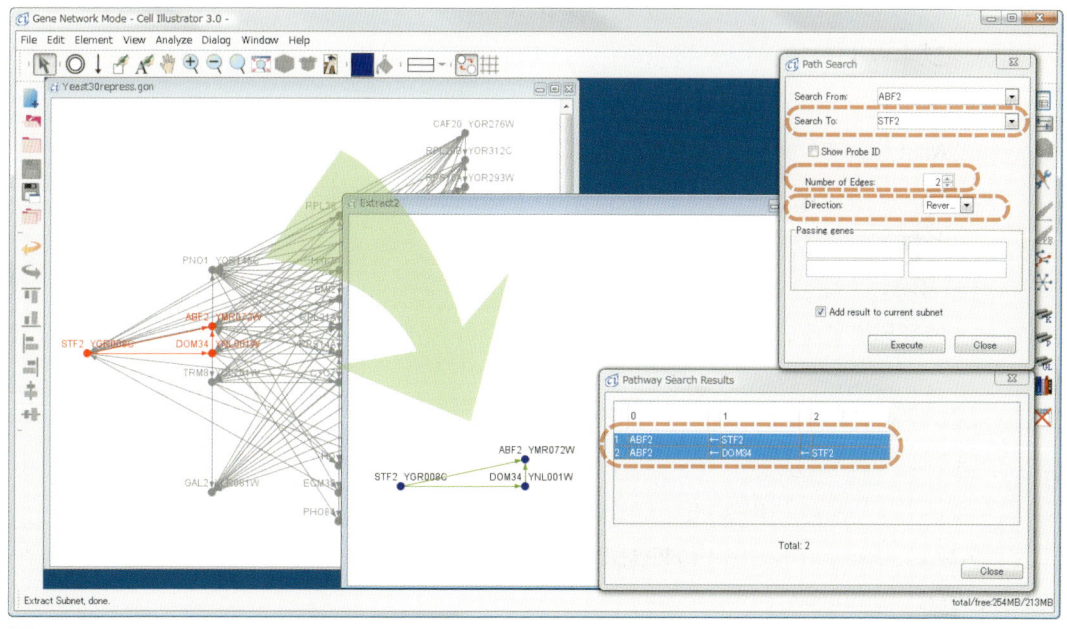

図6.10

ブネットワークを抽出できます．このサブネットワークを，別ファイル（ここではExtract2.xmlとします）に保存します．

　ここまでで，比較するための2つのサブネットワークP1とP2を作成できましたので，実際にこれらのサブネットワークを比較します．まず，すべてのファイルを左ツールバーの ▢ で閉じます．次に，P1とP2の2つのサブネットワークをメニューバーの［File］→［Open］などを使って

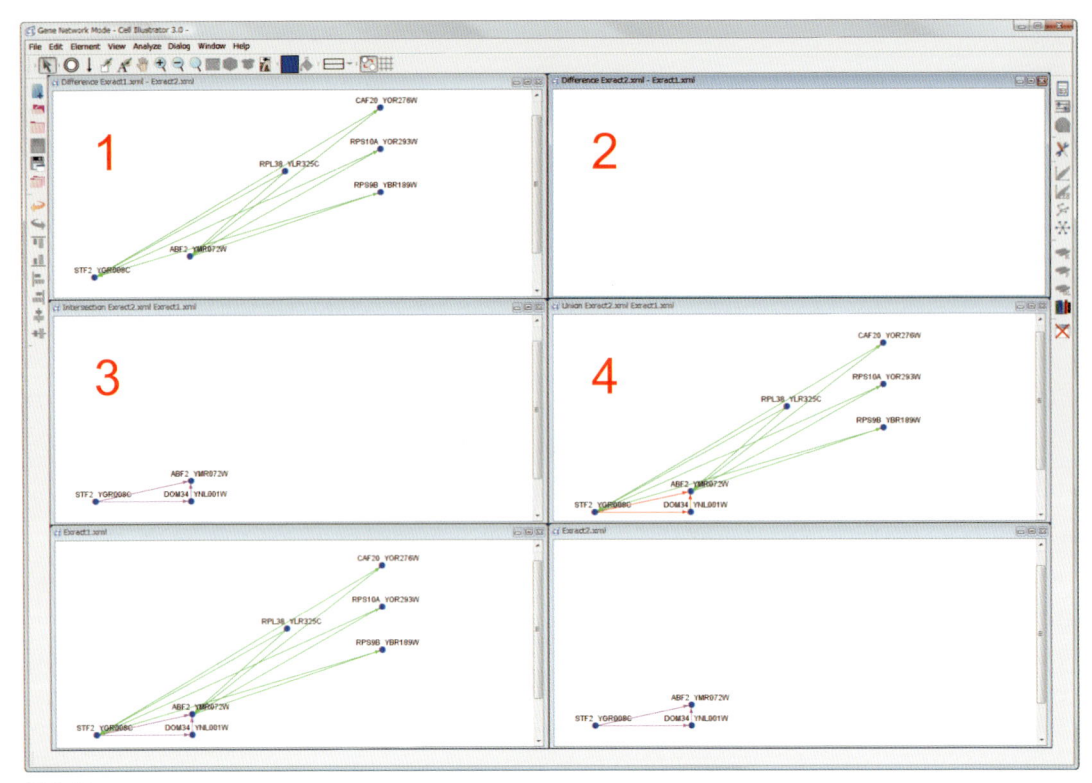

図6.11

読み込みます．最後に，メニューバーから［Analyze］→［Compare］を選択すると，6つのキャンバスが図6.11のように表示されます．図6.11のそれぞれのキャンバスは，表6.1で説明した4つのネットワークの比較結果と，比較に使用した元の2つのネットワークP1（左下）とP2（右下）を表します．

このような比較をすることで，共通されているパスウェイや，ある細胞でのみ特異的に使用されているパスウェイなどを検索することができます．

6.3 まとめ

この章では，遺伝子ネットワークの解析をセルイラストレータを用いてどのように行うことができるかを簡単に説明しました．

なお，ここで紹介した機能は，すべて第4章と第5章で扱った詳細ネットワークモードでも使うことができます．遺伝子ネットワークの解析技術は，今後さらに発展していきます．セルイラストレータや他のソフトウェアにおいても，このような解析機能が充実してくると思われます．

あとがき

　第4章以降で登場したセルイラストレータの研究開発は,「ラボで実験をしている人たちに使ってもらえるシステム生物学のためのソフトウェアを作ろう」という動機で1999年の12月にはじまりました.セルイラストレータは,当初 Genomic Object Net (http://www.genomicobject.net/) という名前のソフトウェアとして研究開発されました.それが研究成果として発表されたのは2003年の文献[1]で,第4章でふれた Hybrid Functional Petri Net with extension (HFPNe) が提案されています.また,同時に文献[2]でそれを使って具体的にモデル化する考え方を与えています.

[1] Nagasaki M, Doi A, Matsuno H, Miyano S: Genomic Object Net: I. A platform for modeling and simulating biopathways. *Applied Bioinformatics*, **2**, 181–184, 2003.

[2] Doi A, Nagasaki M, Fujita S, Matsuno H, Miyano S: Genomic Object Net: II. Modeling biopathways by hybrid functional Petri net with extension. *Applied Bioinformatics*, **2**, 185–188, 2003.

　現在のセルイラストレータの基礎となっている HFPNe に関する技術は文献[3]によるものです.また,文献[4]には,第5章のまとめで紹介した BioPACS というパスウェイの変換ツールや本書では触れなかった Cell Animator (Genomic Object Net Visualizer) も含め,技術的なことが詳しく述べられています.その後,第2章で述べた Cell System Markup Language 3.0 および Cell System Ontology 3.0 が開発され,第5章で取り扱ったようなさまざまのパスウェイのモデルを実際に作成することを通して GUI や機能に改良が加えられ,現在のセルイラストレータとなっています.

[3] Nagasaki M, Doi A, Matsuno H, Miyano S: A versatile Petri net based architecture for modeling and simulation of complex biological processes. *Genome Informatics*, **15**(1): 180–197, 2005.
http://www.jsbi.org/modules/journal/index.php/IBSB%2004/IBSB%2004%20F%20020.pdf

[4] Nagasaki M, Doi A, Matsuno H, Miyano S: Computational modeling of biological processes with Petri Net-based architecture. "Bioinformatics Technologies" (Ed. Yi-Ping Phoebe Chen), pp.179–242, Springer-Verlag, 2005.

　第4章でセルイラストレータはペトリネットという概念を基礎としていることを述べました.通常,ペトリネットの理論では,本書で用いたエンティティ,プロセス,コネクタという用語は用いず,プレース (place),トランジション (transition),アーク (arc) という用語を使っています.ペトリネット研究の歴史は長く,Carl Adam Petri が1962年に彼の学位論文でその概念を発表して以来,理論的に深く研究され,多くの分野でその概念に基づいたシステムが実用化されてきました.しかし,生命科学の分野でペトリネットの考え方を使ったものは,離散ペトリネットを用いて

代謝経路のモデル化を試みた1993年の文献[5]が最初のものでした．

[5] Reddy VN, Mavrovouniotis ML, Liebman MN : Petri net representations in metabolic pathways. Proceedings of International Conference on Intelligent Systems for Molecular Biology, **1**, 328–336, AAAI Press, 1993.

　ペトリネット以外の方法では，微分方程式を書いて代謝経路や遺伝子制御ネットワークをモデル化するような研究はこれまでにも多数あります．そこではたくさんの変数と定数がちりばめられた微分方程式系によって連続量を扱ったイベントがモデル化されています．一方，生命システムを数学的にとらえようとするとき，遺伝子発現をオン・オフのような離散的なイベントとして考えたほうがよいこともあります．そこで，離散と連続を同時に1つのモデルの中に取り込めるようにしたものがハイブリッドペトリネットの考えです．これを最初に用いてラムダファージの遺伝子スイッチのパスウェイをモデル化したものが文献[6]です．日本語での解説もあります（文献[7]）．

[6] Matsuno H, Doi A, Nagasaki M, Miyano S : Hybrid Petri net representation of gene regulatory network. Pacific Symposium on Biocomputing, **5**, 341–352, 2000.
http://psb.stanford.edu/psb-online/proceedings/psb00/matsuno.pdf

[7] 松野浩嗣，Rainer Drath，宮野悟：遺伝子制御ネットワークのハイブリッドペトリネットによるシミュレーション．「システムバイオロジーの展開」（北野宏明 編）pp.165–176，シュプリンガー・フェアラーク東京，2001．

これはペトリネットの研究者たちによって考案されたハイブリッドペトリネットをそのまま用いたものでした．その後，パスウェイのモデル化をいろいろとやってみると，ハイブリッドペトリネットで工夫をすればできるのですが，生命システムとして直感的に理解するには不便なことが起こってきました．そこで，パスウェイのモデル化のために機能を拡張したものがハイブリッド関数ペトリネットです（Hybrid Functional Petri Net；HFPN）．これを用いてショウジョウバエの概日リズムの遺伝子制御ネットワークやアポトーシスのシグナル伝達経路のモデルが直感的に作られています（文献[8]）．

[8] Matsuno H, Tanaka Y, Aoshima H, Doi A, Matsui M, Miyano S : Biopathways representation and simulation on hybrid functional Petri net. *In Silico Biology*, **3**(3), 389–404, 2003.
http://www.bioinfo.de/isb/2003/03/0032/

　さらにこのHFPNを使って，第5章のまとめで述べたようなパスウェイをはじめとしてさまざまなモデルを作ることができます．以下にその文献をあげておきます．

[9] Matsuno H, Murakami R, Yamane R, Yamasaki N, Fujita S, Yoshimori H, Miyano S : Boundary formation by notch signaling in *Drosophila* multicellular systems : Experimental observations and a gene network modeling by Genomic Object Net. Pacific Symposium on Biocomputing, **8**, 152–163, 2003. （多細胞系の遺伝子制御ネットワークモデル）
http://psb.stanford.edu/psb-online/proceedings/psb03/matsuno.pdf

[10] Doi A, Fujita S, Matsuno H, Nagasaki M, Miyano S : Constructing biological pathway models with hybrid functional Petri nets. *In Silico Biology*, **4**(3), 271–291, 2004. （解糖系と*lac*オペロンの遺伝子制御ネットワーク）

http://www.bioinfo.de/isb/2004/04/0023/

[11] Matsui M, Fujita S, Suzuki S, Matsuno H, Miyano S: Simulated cell division processes of the *Xenopus* cell cycle pathway by Genomic Object Net. *Journal of Integrative Bioinformatics*, 0001, 2004. （細胞周期の遺伝子制御ネットワーク）

http://www-bm.ipk-gatersleben.de/stable/php/journal/articles/pdf/jib-3.pdf

[12] Doi A, Nagasaki M, Matsuno H, Miyano S: Simulation-based validation of the p 53 transcriptional activity with hybrid functional Petri net. *In Silico Biology*, **6**(1–2), 1–13, 2006. （p 53 の転写活性に関するモデル）

http://www.bioinfo.de/isb/2006/06/0001/

[13] Doi A, Nagasaki M, Ueno K, Matsuno H, Miyano S: A combined pathway to simulate CDK-dependent phosphorylation and ARF-dependent stabilization for p 53 transcriptional activity. *Genome Informatics*, **17**(1), 112-123, 2006. （p 53 の転写活性に関するモデル）

http://www.jsbi.org/modules/journal/index.php/IBSB06/IBSB06F007.pdf

[14] Tasaki S, Nagasaki M, Oyama M, Hata H, Ueno K, Yoshida R, Higuchi T, Sugano S, Miyano S: Modeling and estimation of dynamic EGFR pathway by data assimilation approach using time series proteomic data. *Genome Informatics*, **17**(2), 226–238, 2006. （EGFR のシグナル伝達経路）

http://www.jsbi.org/modules/journal/index.php/GIW%2006/GIW%2006%20F%20032.pdf

[15] Saito A, Nagasaki M, Doi A, Ueno K, Miyano S: Cell fate simulation model of gustatory neurons with microRNAs double-negative feedback loop by hybrid function Petri net with extension. *Genome Informatics*, **17**(1), 100–111, 2006. （マイクロ RNA による細胞運命決定の制御ネットワーク）

http://www.jsbi.org/modules/journal/index.php/IBSB%2006/IBSB%2006%20F%20005.pdf

[16] Matsuno H, Inouye ST, Okitsu Y, Fujii Y, Miyano S: A new regulatory interaction suggested by simulations for circadian genetic control mechanism in mammals. *Journal of Bioinformatics and Computational Biology*, **4**(1), 139–153, 2006. （マウスの概日リズム遺伝子制御ネットワーク）

　しかしこの HFPN でも，配列やその他のデータ構造を組み合わせたものを直接的に扱うことはできません．最初に述べた HFPNe はオブジェクトを取り扱えるようにすることで，技術的にこうした問題を解決しています．しかし，現段階ではそれを活用するにはやや高いレベルの技術が必要となっています．HFPNe を使った具体的なモデルについては文献 [3, 4] で取り扱っています．

　第 6 章では，セルイラストレータを利用して遺伝子ネットワークを視覚的に表示し解析する方法について説明しました．この技術は遺伝子ネットワーク推定技術とあわせて創薬標的の遺伝子の探索の現場において威力を発揮しています．パン酵母を使った抗真菌薬の標的遺伝子の発見（文献 [17, 18]）やヒト血管内皮細胞の大規模遺伝子ネットワーク解析による高脂血症薬の標的遺伝子探索（文献 [19, 20]）をはじめとして，今後，システム生物学の応用分野で次々と成果を生みだすものと思われます．

また，文献 [21] では創薬のシステム的アプローチが描かれていますが，現在では，このセルイラストレーター一つで，このような遺伝子ネットワークの解析を動的なシミュレーションと一体化して行うことができるようになっています．

[17] Imoto S, Savoie CJ, Aburatani S, Kim S, Tashiro K, Kuhara S, Miyano S: Use of gene networks for identifying and validating drug targets. *Journal of Bioinformatics and Computational Biology*, **1**(3), 459-474, 2003.

[18] Savoie CJ, Aburatani S, Watanabe S, Eguchi Y, Muta S, Imoto S, Miyano S, Kuhara S, Tashiro K: Use of gene networks from full genome microarray libraries to identify functionally relevant drug-affected genes and gene regulation cascades. *DNA Research*, **10**(1), 19-25, 2003.

[19] Imoto S, Tamada Y, Araki H, Yasuda K, Print CG, Charnock-Jones SD, Sanders D, Savoie CJ, Tashiro K, Kuhara S, Miyano S: Computational strategy for discovering druggable gene networks from genome-wide RNA expression profiles. Pacific Symposium on Biocomputing, **11**, 559-571, 2006.
http://psb.stanford.edu/psb-online/proceedings/psb06/imoto.pdf

[20] Imoto S, Tamada Y, Savoie CJ, Miyano S: Analysis of gene networks for drug target discovery and validation. "Target Discovery and Validation", Vol. 1, pp.33-56, ("Methods in Molecular Biology" Series), (Eds. Walker, J. and Sioud, M.), Humana Press, 2006.

[21] 宮野 悟，Christopher J. Savoie：バイオインフォマティクスの創薬応用，実験医学，**20**(18), 2632-2637, 2002.

欧 文 索 引

Activation	34
［animal_cell_nucleus］	103
arc	131
Association Connector	31, 65
Binding	35, 60
BioCarta	12
BioCyc	7
Biological Elements	36, 50
Biological Elements Dialog	36, 50
Biological Entity	50
Biological Process	50
BioModels	16
BioPACS	121, 131
BioPAX	16
BRENDA	121
Canvas	28
［Canvas］	83
Carl Adam Petri	131
CCL Sugiyama	124
Cell Animator	21, 131
Cell Component	50, 54
Cell Designer	20
Cell Illustrator	17, 21
Cell System Markup Language	16, 131
Cell System Ontology	16, 52, 131
CellML	15
［cells］	103
Chart Settings	41
Chart Settings Dialog	41
Chart Update Interval	39, 98
CI Draw	25
CI Professional	25
CI Standard/Classroom	25
CI SVG Editor	82
circadian	102
circannual	102
circatrigintan	102
［Clear Subnet］	131
Cleavage	34
［Close File］	35
Conflict	69
Connections Maps	14
Connector	27, 31
connector custom	100
connector rate	100
connectorcustom	100
connectorrate	100
Continuous	28, 30
Continuous Entity	28
Continuous Process	30
Continuous Weak Firing	40
COPASI	20
［Copy］	38
［Create Chart］	41
Create Frame	38
Create New Canvas	35
Create Note	38
CSML	16
CSO	16, 17, 52
custom	100
［Cut］	38
Cytoscape	14
DAG	15
Degradation	34, 53
Delay	31, 46
Dephosphorylation	35
［Dialogs］	82
Directed Acyclic Graph	15
Discrete	28, 30
Discrete Entity	28
Discrete Process	30
Discrete Weak Firing	40
Dissociation	62
Dizzy	20
DNA	1, 34
E-Cell	21
EcoCyc	7
［Edit］	36
Edit Image	82
Edit Parts	38, 55, 103
EGF	72
EGFR	73
Element	27
Element Lists	30, 31, 32

Element Lists Dialog	30	Initial Value	28, 43, 48
Element Settings	29, 31, 32	INOH	12
Element Settings Dialog	29	Input Connector	31
Element Type	50	Insert Entity	36
Enlarge	125	[Insert Entity]	36
Entity	27	Insert Process	36
Enzyme	65, 85	[Insert Process]	36
Epidermal Growth Factor	72	IPA	8, 13
Epidermal Growth Factor Receptor	73	iPath	12
ExPlain	8	IPKB	8, 13
eXtensible Markup Language	5	Java Runtime Environment	24
[Extract Subnet]	128	Java VM	24
FB	19	JDesigner	20
FieldML	16	JRE	24
[File]	35, 83	KEGG	6
firable	45	KEGGML	7
fire	46	Linux	26
Firing Accuracy	40	Load Image	39
Firth–Bray multi-state stochastic method	19	Log Update Interval	39
Fit Selection to Canvas Size	38	Mac OS X	26
free run rhythm	102	Manual Move	38
GB	19	mass	100
GD	19	MathML	16
Gene Net Mode	124	MedScan	9
[Gene Net Mode]	124	Metabolome.jp	12
Gene Ontology	15	MetaCyc	7
Generic	28, 30	Michaelis constant	85
Generic Entity	28	michaelismenten	100
Generic Process	30	Michaelis–Menten	100
Gepasi	20	Michaelis–Menten kinetics	85
Gibson–Bruck next reaction method	19	miRNA	2
Gillespie Tau–Leap method	19	Molecular Interaction Map	12
Gillespie's Direct method	19	mRNA	1, 34
GO	15	Name	28, 31, 32
Go To BioPACS	39	[New]	35
Group	39	ODE	18
Haseltine–Rawlings method	19	ontology	15
HFPN	132	Optimize Layout	124
HFPNe	21, 27, 131	Output Connector	31
HR	19	[Paste]	38
HumanCyc	7	Path Search	126
Hybrid Functional Petri Net	19, 21, 132	Pathway Builder	13
Hybrid Functional Petri Net with extension	27, 131	Pathway Search Result	127
		Pathway Studio	10, 13
[Image]	34	PDE	18
Ingenuity Pathways Analysis	8, 13	Petri Net Pathways	121
Ingenuity Pathways Knowledge Base	8, 13	Phosphorylation	35, 65
Inhibition	63	place	131
Inhibitory Connector	31, 63	Priority	69

Process	27, 30	Speed	31, 44, 48
Process Connector	31	SPN	19
product	85	Standard deviation	100
Protein	34	STKE	10, 14
PROTEOME	8	stochastic log normal mass	100
Proteomics Standards Initiative	15	stochastic mass	100
PSI	15	Stochastic Petri Net method	19
PSI MI	15	stochasticlognormalmass	100
PSI MI XML	15	stochasticmass	100
pt	41	Stoichiometry	100
PubMed	9	substrate	85
［Radial gradient］	83	Systems Biology Markup Language	16
Reactome	11	Systems Biology Workbench	16, 20
［Reload Image］	83	Threshold	32, 45, 48, 64
［Replace Figure］	34	TL	19
Reset Zoom	38	Toggle Antialiasing Status	39
［Resize］	83	Toggle Grid Visible Status	39
ResNet	9	Transcription	34, 58
Sampling Interval	39	TRANSFAC	8
［Save］	35, 83	［Transforms］	83
Save Canvas To Selected File	42	transition	131
Save Current Canvas	42	Translation	34
SBML	16	Translocation	34, 54
SBW	16, 20	TRANSPATH	8, 13
Select Color Tool	39	Type	28, 30, 31
Set Color	39	Ungroup	39
Set Stroke	39	Unix	26
short interfering RNA	2	Variable	28
［Show resources］	82	Vasudeva-Bhalla method	19
Signal Transduction Knowledge Environment	10, 14	VB	19
Simulation Settings	39	Virtual Cell	20
Simulation Settings Dialog	39	Windows	26
Simulation Speed	40	XML	5, 6
Simulation Time	40	Zoom In	38
siRNA	2	Zoom Out	38

和文索引

● あ行

アーキテクチャ …………………………… 18
アーク ………………………………………… 131
アセチル化 ………………………………… 3
アポトーシス ……………………………… 3
アポトーシスのシグナル伝達経路 …… 120
閾値 ………………………………… 32, 45, 48, 64
移行 ……………………………………… 34, 54, 109
EGFRのシグナル伝達経路 …………… 133
異性化 ……………………………………… 89
遺伝子制御ネットワーク ………………… 102
遺伝子ネットワーク ……………………… 122
遺伝子ネットワーク推定技術 ………… 134
遺伝子ネットワークモード ……………… 124
インストール ……………………………… 24
絵つきエレメント ……………………… 34, 50, 52
絵の編集 …………………………………… 82
エレメント ………………………………… 27
エレメント一覧 ………………………… 30, 31, 32
エレメント一覧ダイアログ ……………… 30
エレメント設定 ………………………… 29, 31, 32
エレメント設定ダイアログ ……………… 29
エレメントタイプ ………………………… 50
エレメントのカット ……………………… 38
エレメントのコピー ……………………… 38
エレメントのペースト …………………… 38
エンティティ ……………………………… 27
オントロジー …………………………… 15, 52

● か行

概日リズム ………………………………… 102
解糖系とlacオペロンの遺伝子制御ネットワーク ………………………………… 133
解糖のパスウェイ ………………………… 84
解離 ………………………………………… 62, 76
化学反応 …………………………………… 3
化学反応式 ………………………………… 84
確率的 ……………………………………… 19
活性化 …………………………………… 3, 34

基質 ……………………………………… 67, 85
キャンバス ……………………………… 28, 35
キャンバスの保存 ………………………… 42
キュレータ ………………………………… 5
競合 ………………………………………… 69
グラフ ……………………………………… 41
グラフの設定 ……………………………… 41
グリセルアルデヒド3-リン酸 ……… 90, 91, 92
グルコース6-リン酸 …………………… 89
結合 ……………………………………… 35, 60, 75
決定的 ……………………………………… 18
酵素 …………………………………… 3, 65, 85
酵素基質複合体 …………………………… 85
酵素反応 …………………………………… 65
コネクタ …………………………………… 27, 31

● さ行

細胞 ………………………………………… 1
細胞周期の遺伝子制御ネットワーク …… 133
細胞の配置 ………………………………… 73
サーカアニュアル ………………………… 102
サーカディアン …………………………… 102
サーカディアンリズム …………………… 102
サーカトリジンタン ……………………… 102
サブネットワーク ………………………… 126
サブネットワーク抽出機能 ……………… 128
サブネットワークの比較 ………………… 128
閾値 ………………………………… 32, 45, 48, 64
シグナルタンパク質 ……………………… 3
シグナル伝達 ……………………………… 2
自然言語処理 ……………………………… 5
自然崩壊 …………………………………… 106
実行可能 ………………………………… 45, 48
実行される ………………………………… 46
実行時間 …………………………………… 40
ジヒドロキシアセトンリン酸 ………… 90, 91
シミュレーション ………………………… 18
シミュレーション設定 …………………… 39
シミュレーション設定ダイアログ ……… 39
自由継続リズム …………………………… 102
出力コネクタ …………………………… 31, 32

受容体	3, 72	転写を促進	115
詳細ネットワークモード	124	転写を抑制	110
ショウジョウバエのサーカディアンリズム	117	トランジション	131

● な 行

名前	28, 31, 32
名前を付けてキャンバスの保存	42
入力コネクタ	31, 32
2量体	76
ネットワーク図	3

上皮成長因子	72		
上皮成長因子受容体	73		
常微分方程式	18		
初期値	28, 43, 48		
生成物	85		
生物エレメント	36, 50		
生物エレメントダイアログ	36, 50		
生物エンティティ	50		
生物プロセス	50		
接続ルール	33		
切断	34		

● は 行

ハイブリッド型	19
ハイブリッドペトリネット	132
配列	133
パスウェイ	3
パスウェイ検索結果	127
パスウェイデータベース	5
パス検索	126
発火可能	45
発火する	46
パン酵母	122, 134
反応速度様式	100
汎用	28, 30
汎用エレメント	70
汎用エンティティ	28
汎用プロセス	30
p53の周辺のパスウェイ	120
p53の転写活性に関するモデル	133
1,3-ビスホスホグリセリン酸	92, 93
ヒト血管内皮細胞	134
ピルビン酸	95
複合体	108
負のフィードバックループ	110
フルクトース 1,6-ビスリン酸	89, 90
フルクトース 6-リン酸	89
プレース	131
フレームシフト	70
プロセス	27, 30
プロセスコネクタ	31, 32
プロセスの実行条件	45
分解	34
ベイジアンネットワーク	124
ペトリネット	27
ペトリネットタイム	41
変異体	120
変数名	28

セルイラストレータ	17, 21, 24
セルイラストレータ Draw	25
セルイラストレータ Professional	25
セルイラストレータ Standard/Classroom	25
セルコンポーネント	50, 54
選択状態を解除	128
選択的スプライシング	70
阻害剤	80
速度	31, 44, 48

● た 行

代謝	3
代謝系	84
代謝経路	84
代謝産物	3
代謝反応	84
大腸菌	7
体内時計	102
タイプ	28, 30, 31
多細胞系の遺伝子制御ネットワークモデル	132
脱リン酸化	35
タンパク質	1, 34
タンパク質の負の調節	112
知識ベース	6
チャート設定	41
チャート設定ダイアログ	41
中間生成物	98
定常状態	74
ディレイ	31, 46
テキストマイニング	5
デグラデーション	53, 74, 107
転写	1, 34, 58
転写因子	122

偏微分方程式 …………………………………… 18
補助コネクタ ………………………… 31, 32, 65, 84
ホスホエノールピルビン酸 …………………… 95
2-ホスホグリセリン酸 …………………… 94, 95
3-ホスホグリセリン酸 …………………… 93, 94
ホモログ ……………………………………… 118
翻訳 …………………………………………… 1, 34

●ま 行

マイクロRNA …………………………………… 2
マイクロRNAによる細胞運命決定の制御
　ネットワーク …………………………… 133
microRNAによる制御ネットワーク ……… 120
マイクロアレイ ……………………………… 122
マウスの概日リズム遺伝子制御ネットワー
　ク ………………………………………… 133
マウスのサーカディアンリズム …………… 102
ミカエリス定数 ……………………………… 85
ミカエリス・メンテンの式 ………………… 85
メインウインドウ …………………………… 35
メッセンジャRNA …………………………… 1
モデル化 ………………………………… 18, 19

●や 行

有効グラフ …………………………………… 15

優先度 ………………………………………… 69
抑止コネクタ ………………………… 31, 32, 63
抑制 …………………………………………… 3, 63

●ら 行

ラインセンス ………………………………… 27
ラインナップ ………………………………… 25
lacオペロンの遺伝子制御ネットワーク … 120
Radial gradient Prop.ダイアログ …………… 83
ラムダファージの遺伝子スイッチのパス
　ウェイ …………………………………… 120
リガンド ……………………………………… 3, 72
離散 ……………………………………… 28, 30
離散エンティティ ……………………… 28, 42
離散的な現象 ………………………………… 49
離散プロセス …………………………… 30, 42
リボソーム …………………………………… 1
リン酸化 ……………………… 3, 35, 65, 79
レイアウト …………………………………… 124
レセプタ ……………………………………… 3
連続 ……………………………………… 28, 30
連続エンティティ ……………………… 28, 47
連続的な現象 ………………………………… 49
連続プロセス …………………………… 30, 47

付録 CD-ROM について

本書の巻末には，本書の実習において手助けとなるようなコンテンツを収めた付録 CD-ROM が添付されています．CD-ROM 内のコンテンツの説明については，CD-ROM 内の「フォルダの説明.txt」をご参照ください．ご利用の前に，付属 CD-ROM 内の「EULA.txt」ファイルに書かれた使用許諾契約書をお読みください．

●セルイラストレータ簡易版（以下，セルイラストレータ）の著作権

CD-ROM に収録されたセルイラストレータの著作権は，Gene Networks International（GNI）と長崎正朗，宮野 悟（東京大学）にあります．CD-ROM 収録のセルイラストレータの配布権は，共立出版株式会社に対して本書付録 CD-ROM への掲載に限り無償で提供されたものです．CD-ROM 収録のセルイラストレータの使用権は，本書「システム生物学がわかる！—セルイラストレータを使ってみよう—」を購入されたお客様の１台のコンピュータに限り無償で提供されます．その他のセルイラストレータの使用権許諾の内容については，CD-ROM の「セルイラストレータ使用権許諾.txt」をご参照ください．

●その他の著作権

CD-ROM に含まれる上記セルイラストレータ以外のコンテンツの著作権は，Models のフォルダに収められたデータについては本書の著作者に帰属し，その他のソフトウェアの著作権はそれぞれの開発者に帰属します．

●著者プロフィール●

土井 淳（どい あつし）
2006 年 山口大学大学院理工学研究科博士後期課程修了，博士（理学）
株式会社ジーエヌアイ 研究開発部 主任研究員

長崎正朗（ながさき まさお）
2004 年 東京大学大学院理学系研究科情報科学博士課程修了，博士（理学）
東京大学医科学研究所 ヒトゲノム解析センター 助教

斉藤あゆむ（さいとう あゆむ）
2004 年 埼玉大学理工学研究科博士課程修了，博士（学術）
東京大学医科学研究所 ヒトゲノム解析センター 技術職員

松野浩嗣（まつの ひろし）
1984 年 山口大学大学院工学研究科電子工学専攻修了，博士（理学）九州大学
山口大学大学院理工学研究科自然科学基盤系学域 教授

宮野 悟（みやの さとる）
1979 年 九州大学大学院理学研究科修士課程修了，理学博士
東京大学医科学研究所 ヒトゲノム解析センター 教授

システム生物学がわかる！
セルイラストレータを使ってみよう

What does Systems Biology do ?
Let's start with Cell Illustrator

2007 年 7 月 15 日 初版 1 刷発行
2008 年 9 月 20 日 初版 2 刷発行

著 者 土井 淳・長崎正朗・斉藤あゆむ
　　　 松野浩嗣・宮野 悟

発行者　南條光章

発行所　共立出版株式会社
　　　〒112-8700
　　　東京都文京区小日向 4-6-19
　　　電話　03-3947-2511（代表）
　　　振替口座　00110-2-57035
　　　http://www.kyoritsu-pub.co.jp/

印　刷　加藤文明社
製　本　ブロケード

検印廃止 ©2007
NDC 460, 461.9
ISBN 978-4-320-05658-9

社団法人
自然科学書協会
会員

Printed in Japan

JCLS ＜㈳日本著作出版権管理システム委託出版物＞
本書の無断複写は著作権法上での例外を除き禁じられています．複写される場合は，そのつど事前に㈳日本著作出版権管理システム（電話03-3817-5670, FAX 03-3815-8199）の許諾を得てください．

セルイラストレータ 3.0 製品版のご案内

セルイラストレータの製品版は http://www.cellillustrator.com/（英語），http://www.cellillustrator.com/jp/（日本語）からご購入いただけます．セルイラストレータは，バイオ関連業務に従事するプロフェッショナルユーザ，セミプロフェッショナルユーザ，大学・専門学校などの教育機関，一般向けの4つの異なる製品を用意しています．4仕様の詳細は以下のとおりです．

セルイラストレータ プロフェッショナル（CI Professional）

あらゆる規模のパスウェイモデルの構築に必要なすべての機能を搭載．導入当初から生産的で効率的なワークフローを可能にします．

セルイラストレータ スタンダード（CI Standard）

専門的で大きなパスウェイモデルは必要ないという方を対象に，プロフェッショナルの機能はそのままにコンパクトにまとめたパッケージです．

セルイラストレータ クラスルーム（CI Classroom）

大学・専門学校などの教育機関向けに，小規模なパスウェイを対象とした実習でのご利用に十分な機能もたせた低価格のパッケージです．

セルイラストレータ ドロー（CI Draw）

シミュレーション機能を省略し，パスウェイの作成に特化した無償版パッケージです．

機能	CI Professional	CI Standard	CI Classroom	CI Draw
1. パスウェイの表示（CSMLファイルの読み込み）	○	○1	○1	○1
2. パスウェイの作成	○	○1	○1	○1
3. パスウェイのシミュレーション	○	○1	○1	×
4. SBMLファイルのインポート	○	○	○	○
5. CellMLファイルのインポート	○	○	○	○
6. シミュレーションの結果の保存（CSV形式）	○	○	○	△2
7. エレメントの検索	○	○	○	○
8. シミュレーションできるパスウェイのサンプル	○	○1,3	○1,3	○1,3
9. モデルの印刷	○	○	○	○
10. グラフレイアウト	○	○	○	○
11. 遺伝子ネットワークモード	○	○1	○1	○1
1. 遺伝子ライブラリ	○	○1	○1	×1
2. 遺伝子ネットワークの統合	○	○1	○1	○1
3. 経路探索	○	○1	○1	○1
4. 発現プロット	○	○1	○1	×1
5. 遺伝子ネットワークのサンプルファイル	○	○	○	○
6. 酵母の遺伝子ネットワークのデータ	○	△4	△4	×

※1 扱えるエンティティの個数に制限あり（30個まで）
※2 開いたデータにシミュレーション結果のログが含まれている場合に限る
※3 セルイラストレータプレイヤーでサンプルパスウェイの表示とシミュレーションの再生が可能
※4 プロフェッショナル版のネットワークとは異なる（30遺伝子）